特种设备无损检测人员Ⅰ级和Ⅱ级培训教材
河南省特种设备无损检测人员培训考核教材
高等职业院校无损检测专业培训教材

渗透检测

桑山松　李亚梅　代纯军◎主　编
佟　桁　李玉军◎副主编

中国铁道出版社有限公司
CHINA RAILWAY PUBLISHING HOUSE CO., LTD.

内 容 简 介

本教材是“特种设备无损检测人员Ⅰ级和Ⅱ级培训教材”中的渗透检测部分，主要包括绪论、渗透检测物理基础、渗透检测光学基础、渗透检测试剂、渗透检测设备、渗透检测操作步骤、渗透检测方法及选择、渗透检测应用、显示的解释与缺陷评定、渗透检测通用工艺规程和作业指导书、渗透检测质量控制、安全与卫生防护、渗透检测实验等内容。

“特种设备无损检测人员Ⅰ级和Ⅱ级培训教材”是由河南省锅炉压力容器安全检测研究院组织按照 TSG Z8001—2009《特种设备无损检测人员考核规则》Ⅰ、Ⅱ级考试大纲编写的。本套教材以特种设备无损检测Ⅰ、Ⅱ级检测人员的培训内容为主体，强调实际应用，融入典型应用实例、典型案例的介绍，既注重理论与实际应用的结合，图文并茂、通俗易懂，又紧跟科技的发展，及时介绍国内外渗透检测的新观点和新技术。

本教材适合作为特种设备渗透检测人员资格考核培训教材外，也可供各企业生产一线人员、质量管理人员、安全监察人员、研究机构、高等职业院校相关专业师生学习参考。

图书在版编目(CIP)数据

渗透检测/桑山松，李亚梅，代纯军主编．—北京：中国铁道出版社有限公司，2021．9

特种设备无损检测人员Ⅰ级和Ⅱ级培训教材

ISBN 978-7-113-28255-4

Ⅰ．①渗… Ⅱ．①桑…②李…③代… Ⅲ．①渗透检验-资格考试-教材 Ⅳ．①TG115．28

中国版本图书馆 CIP 数据核字(2021)第 162504 号

书　　名：渗透检测
作　　者：桑山松　李亚梅　代纯军

责任编辑：李　彤　包　宁　　　**编辑部电话：**(010)63543459
封面设计：郑春鹏
责任校对：苗　丹
责任印制：樊启鹏

出版发行：中国铁道出版社有限公司(100054，北京市西城区右安门西街 8 号)
网　　址：http://www.tdpress.com/51eds/
印　　刷：北京富资园科技发展有限公司
版　　次：2021 年 9 月第 1 版　2021 年 9 月第 1 次印刷
开　　本：787 mm×1 092 mm 1/16　**印张：**10．5　**字数：**289 千
书　　号：ISBN 978-7-113-28255-4
定　　价：36．00 元

特种设备无损检测人员培训教材编审编写委员会

编审委员会

组　长：佟　桁

副组长：（排名不分先后）

李玉军　　代纯军

委　员：（排名不分先后）

桑山松　　张栓成　　刘群安

刘遂民

编写委员会

主　任：代纯军

副主任：（排名不分先后）

桑山松　　齐泽民　　刘群安

刘遂民　　张栓成　　丁　强

委　员：（排名不分先后）

李亚梅　　古洪杰　　王淑芳

胡俊飞　　郭永军　　吕　琼

金　璐

前言

近年来,特种设备方面的法规标准更新很快,技术更新也很快。随着无损检测技术的不断更新,新的检测方法不断出现,射线 DR/CR 技术日益成熟。此外,超声波相控阵、TOFD 技术、漏磁检测技术在实际检测中的应用,以及检测设备的更新换代,按 2013 版《特种设备无损检测人员考核规则》(已作废)、JB/T 4730—2005《承压设备无损检测》(已作废)编写的无损检测教材,已不能适应时代的发展。目前,迫切需要新的无损检测教材来满足无损检测人员的培训需求。

"特种设备无损检测人员Ⅰ级和Ⅱ级培训教材"是由河南省锅炉压力容器安全检测研究院组织,按照全国特种设备无损检测人员Ⅰ、Ⅱ级考试大纲编写的。本套教材由河南省无损检测专家担纲,以《NDT 全国特种设备无损检测人员资格考核统编教材》、TSG Z7003—2004《特种设备检验检测机构质量管理体系要求》、TSG Z8001—2019《特种设备无损检测人员考核规则》、NB/T 47013—2015《承压设备无损检测》及无损检测人员资格考试大纲为依据,全面系统地体现了无损检测技术的进步和特种设备无损检测的特点与要求。

本套教材的编写以Ⅰ、Ⅱ级无损检测人员的培训内容为主体,强调实际应用,增加典型应用实例、典型案例的介绍,并力图反映无损检测技术发展的最新动态、满足特种设备行业的实际要求。此外,本套教材在充实理论基础的前提下,突出理论、工艺和应用之间的联系,更加实用。本套教材共计 6 种:《承压类特种设备无损检测相关知识》《射线检测》《磁粉检测》《渗透检测》《超声波检测》《无损检测习题集》。

本教材的特点是:既注重理论与实际应用的结合,图文并茂、通俗易懂,又紧跟科技的发展及时介绍国内外检测的新观点和新技术。本教材适合作为特种设备渗透检测人员资格考核培训教材外,也可供各企业生产一线人员、质量管理人员、安全监察人员、研究机构、高等职业院校相关专业师生学习参考。

具体分工如下:第 1、2、3、4、12 章由桑山松编写,第 6、7、13 章由李亚梅编写,第 9、10 章由吕琼编写,第 5、8、11 章由金璐编写,全书由代纯军、佟桁、李玉军统稿。

本教材由河南省锅炉压力容器安全检测研究院驻马店分院高级工程师桑山松、河南省锅炉压力容器安全检测研究院鹤壁分院李亚梅、代纯军任主编,河南省锅炉压力容器安全检测研究院佟桁、李玉军任副主编。河南省锅炉压力容器安全检测研究院的有关领导、专家和河南省无损检测人员资格考核委员会考评人员对本教材的编写提供了大力支持和帮助，并提出了宝贵意见；此外，编者在编写本教材时参考了国内同类教材和培训资料，且得到了许多国内同行、专家的指导和支持，在此一并表示衷心感谢。

由于时间仓促、编者水平有限，因此书中难免存在疏漏和不足之处，恳请读者不吝指正。愿本套教材能够为提高全国特种设备无损检测人员的水平以及促进无损检测专业的发展起到积极作用。

编　者
2021 年 6 月

目　录

第1章 绪论

1.1 渗透检测

渗透检测又叫渗透探伤,是一种以毛细作用为原理的无损检验方法,主要用于检测非疏孔性的金属或非金属零部件的表面开口缺陷。渗透检测是在工业发展过程中逐渐衍生出来的一种应用技术,由于其在实际执行过程中的简单操作性,因此被广泛地应用于各个领域之中,是评价工程材料、零部件和产品的完整性、连续性的重要技术方法,也是实现质量管理、节约原材料、改进工艺、提高生产率的重要手段。并且,在当前科技技术飞速发展的过程中,传统的渗透性探伤技术已经逐渐拓展成为了多孔性材料的检测技术。

1.1.1 渗透检测简史

渗透检测诞生之初发展较慢,当时主要利用铁锈检查裂纹。检验人员根据铁锈的位置、形状和分布状态来判断工件表面的裂纹,这是因为工件表面存在裂纹,被水渗入后,形成铁锈氧化物,裂纹上的铁锈比其他地方要多。“油—白”法被认为是最早应用的一种渗透检测方法。这种方法是将重滑油稀释在煤油中,得到一种混合体作为渗透剂;把受检工件放入这种渗透剂中,一定时间后用浸有煤油的布把工件表面擦净,再涂上一种白粉加酒精的悬浮液,待酒精自然挥发后,如果工件表面有开口缺陷,缺陷中的油将回渗到白色的涂层上,形成黑色显示。这就是早期的渗透检测法,被广泛地应用到铁路等工业部门的检测中。

20世纪初期,航空工业的发展和非铁磁性材料的大量使用促进了渗透检测的发展。美国工程技术人员对渗透剂进行了大量的试验研究。他们把着色染料加到渗透剂中,增加了缺陷显示的颜色对比度,使显示更加清晰;随后,荧光染料也开始被加到渗透剂中,并用显像粉显像,在暗室里通过紫外光照射来观察缺陷显示,从而显著提高了渗透检测灵敏度,使渗透检测进入了崭新的阶段。从此,渗透检测与其他无损检测方法一起成为广泛使用的检测手段。

随着工业的迅速发展,物理、化学在实际生活中的进一步应用,对渗透检测剂的要求变得更加严格。如果工作条件很差,工件上微米级的表面裂纹都会成为导致设备破坏的根源。因此,实际检测中需要使用高灵敏度的渗透检测剂。由于渗透检测剂是有毒的,因此研制低毒的渗透检测剂就非常重要。在20世纪60、70年代渗透检测剂发展得非常快,国外科学家成功的研制出了闪烁荧光渗透检测剂,提高了渗透检测灵敏度;为减少污染环境,又研制出水基渗透检测剂、水洗法渗透检测技术和渗透检测整体型装置;为更好适合镍基合金、钛合金和奥氏体不锈钢的渗透检测,研制出了严格控制硫、氯和氟等杂质元素含量的新型渗透剂。

20世纪50年代,我国的渗透检测一直使用前苏联工业应用的材料和技术。到了20世纪60、70年代,国内许多大型企业和科研单位纷纷自行研制渗透剂,主要供自己使用。到了20世纪70年代后期,国内已研制出可检测微米级缺陷的渗透检测剂,且毒性很低,随后水洗型和后乳化型荧光渗透剂相继被研发成功，性能与国外同类产品水平相当，得到了广泛应用。

渗透检测技术的发展，实际上就是渗透检测剂和渗透检测设备的发展。随着渗透检测的发展，国内外的检测材料逐渐系统化、标准化。现在，我们所使用的渗透检测剂都是具有低毒性和高灵敏度的。今后，我们所面临的问题是系统化的材料和新的特殊用途的渗透检测剂的开发以及配方的改进，提高渗透检测可靠性和检验速度，不断降低检测成本，提高渗透检测剂的综合性能。

渗透检测也是一门综合性的技术，对于从事渗透检测的初、中级人员，不但要掌握毛细作用等原理，也要了解渗透剂的性能及应用，以及更好的学习渗透检测的工艺、方法。科学技术的进步，必将促进我国渗透检测技术的发展，迎来一个更加辉煌的新时期。

1.1.2 渗透检测原理和分类

1. 渗透检测的原理

渗透检测是一种以毛细作用为原理的检查非多孔性材料表面开口缺陷的无损检测方法。这种方法是将溶有着色染料或荧光染料的渗透剂施加于工件表面，由于毛细作用，渗透剂渗入到各类开口至表面的微小缺陷中；清除附着于工件表面上多余的渗透剂，干燥后再施加显像剂，缺陷中的渗透剂重新回渗到工件表面，形成放大了的缺陷显示，在白光下或在黑光灯下观察，缺陷处可呈红色显示或发出黄绿色荧光，目视即可检测出缺陷的形状和分布。

渗透检测是不破坏工件，运用物理、化学、材料科学和工程学理论，评价工程材料、零部件和产品的完整性、连续性及安全可靠性的技术；也是实现质量管理，节约原材料，改进工艺，提高劳动生产率的重要手段，是产品制造和维修中不可缺少的组成部分。

2. 渗透检测的分类

渗透检测分类的方法较多，广泛使用的分类法是根据渗透剂所含染料成分、多余渗透剂的去除方法和显像方法进行划分。

1）根据渗透剂所含染料成分分类

根据渗透剂所含染料成分，可将渗透检测分为荧光渗透检测、着色渗透检测和荧光着色渗透检测三大类。渗透剂中含有荧光染料，在紫外线的照射下观察缺陷处黄绿色荧光显示为荧光渗透检测；渗透剂中含有红色染料，在白光或日光下观察缺陷的显示为着色渗透检测；荧光着色渗透检测兼备荧光渗透检测和着色渗透检测两种方法的特点，缺陷的显示图象在白光下或日光下能显示红色，在紫外线照射下能激发出荧光。

2）根据多余渗透剂去除方法分类

根据多余渗透剂去除方法，可将渗透检测分为水洗型渗透检测、后乳化型渗透检测和溶剂清洗型渗透检测三大类。渗透剂中含有一定量的乳化剂，工件表面多余的渗透剂可直接用水清洗，这种方法称为水洗型渗透检测。有的渗透剂虽不含乳化剂，但溶剂是水，即水基渗透剂，工件表面多余的渗透剂也可直接用水洗掉，也属于水洗型渗透检测。后乳化型渗透检测使用的渗透剂不能直接用水从工件表面洗掉，必须增加一道乳化工序，即工件表面上多余的渗透剂要用乳化剂"乳化"后方能用水洗掉。溶剂清洗去除型渗透检测使用的渗透剂也不含乳化剂，工件表面多余渗透剂用有机溶剂擦掉。

3）根据显像方法分类

渗透检测方法分类见表1-1。

表 1-1 渗透检测方法分类

渗透剂		多余渗透剂的去除		显像剂	
分类	名 称	分类	名 称	分类	名 称
Ⅰ Ⅱ Ⅲ	荧光渗透检测 着色渗透检测 荧光着色渗透检测	A B C D	水洗型渗透检测 亲油性后乳化渗透检测 溶剂去除型渗透检测 亲水性后乳化渗透检测	a b c d e	干粉显像剂 水溶解显像剂 水悬浮显像剂 溶剂悬浮显像剂 自显像

注:渗透检测方法代号示例:ⅡC－d 为溶剂去除型着色渗透检测(溶剂悬浮显像剂)

以上渗透检测方法可对应选择使用,但也不是都可配合使用,要根据灵敏度等级和检测的具体情况进行选择。

常用的渗透剂是荧光渗透剂和着色渗透剂,常用的去除渗透剂的方法是溶剂去除和水洗,常用的显像剂是溶剂悬浮显像剂和干粉显像剂。一般干粉显像剂与荧光渗透检测配合使用;干式显像剂、水基湿式显像剂和自显像均不能用于着色渗透检测。

1.1.3 渗透检测的优点和局限性

1. 渗透检测的优点

渗透检测可检查非多孔性材料的表面开口缺陷,如裂纹、折叠、气孔、冷隔和疏松等,且显示直观,容易判断,一次操作可检查出任何方向的表面开口缺陷。它不受材料组织结构和化学成分的限制,不仅可以检查有色金属,还可以检查塑料、陶瓷及玻璃等非多孔性材料,检测灵敏度较高;超高灵敏度的渗透剂可清晰显示微米级以下的缺陷。着色渗透检测可在没有电源的场合使用,操作简单;水洗型渗透检测,检查速度快,可检查表面较粗糙的工件,成本较低。

2. 渗透检测的局限性

渗透检测也存在一定的局限性,即只能检测工件表面开口缺陷,对被污染物堵塞或经机械处理(如喷丸和研磨等)后开口被封闭的缺陷不能有效地检出;不适于检查多孔性或疏松材料制成的工件和表面过于粗糙的工件,因为检查多孔性材料时,会使整个表面呈现较强的红色(或荧光)背景,以致掩盖缺陷显示;工件表面过于粗糙时,易造成假显示,影响检测效果;渗透检测只能检出缺陷的表面分布,不能确定缺陷的深度,检测结果受操作者的影响也能较大。不同的检测方法有不同的局限性,实际检测时需要根据不同的检测对象和方法具体选择。

1.2 表面缺陷无损检测方法的比较

渗透检测、磁粉检测、涡流检测、射线检测和超声检测为五种常规无损检测方法。射线检测和超声检测以检测工件内部缺陷为主,渗透检测、磁粉检测和涡流检测以检测工件表面或近表面的缺陷或物理量为主。表面检测方法的比较见表 1-2。

表 1-2　表面检测方法的比较

项　目	方　法		
	渗透检测	磁粉检测	涡流检测
工作原理	毛细作用	磁力作用	电磁感应
应用范围	无损检测	无损检测	无损检测、测厚、材质分选、导电率
检测对象	表面开口缺陷	表面及近表面缺陷	表面及表层缺陷(物理量)
检测材料	任何非多孔性材料	铁磁性材料	导电材料
检测工件	铸件、焊接件、锻件、压延件	锻件、压延件、铸件、焊接件、机加工件、管材、棒材	管材、线材、使用中工件
检测速度	较慢	较快	快
检测缺陷类别	裂纹、疏松、针孔、夹渣、折叠、冷隔	裂纹、发纹、白点、折叠、夹渣	裂纹、材质变化、厚度变化
缺陷显示	直观	直观	不直观
缺陷显示方式	渗透剂的回渗	磁粉附着	检测线圈电压、相位变化
缺陷显示用器材	渗透剂、显像剂	磁粉	电压表、示波器、记录仪
检测灵敏度	较高	高	较低
污染	较重	较轻	轻

第2章 渗透检测物理基础

2.1 分子运动论与物体的内能

分子运动论是描述分子运动的最基本的理论，其基本内容包括：(1)物体是由分子构成的；(2)分子永不停息地做无规则的运动；(3)分子之间有相互作用的引力和斥力。

2.1.1 分子运动论

分子是物质具有其物理化学性质的最小粒子。运用分子运动和分子的相互作用来论述物质的某些性质（如液体的表面张力、润湿与不润湿、毛细作用）的理论叫分子运动论。分子之间存在空隙。固体、液体和气体都能够被压缩，水和酒精混合后的体积小于二者原来体积之和的事实都说明分子间存在空隙。

布朗运动和扩散现象都证实分子在永不停息地运动着。由于物质是由很多分子组成的，因此大量分子的运动就表现为无规则的运动。分子无规则运动与温度有关，温度越高，分子运动越激烈。所以，分子的无规则运动也被称为热运动。这种运动本质上不同于机械运动。例如，把一滴墨水滴入一杯清水中，过一会整杯水都变色。渗透检测也是利用分子的运动理论。

分子之间存在相互作用力。拉伸物体时，物体内部表现出的分子力是引力；压缩物体时，物体内部表现出的分子力是斥力。分子的引力和斥力大小都与物体分子间的距离有关。分子间距离大约在 10^{-10} m 时，分子的引力和斥力相平衡，分子处于平衡位置。

相邻分子间，分子作用力所能达到的最大距离叫分子作用半径，用 r 表示。半径为 r 的球形作用范围叫分子作用球。

2.1.2 物体的内能

运动着的分子都有不同的动能，物体内分子动能的平均值叫做分子的平均动能。从分子运动论的观点看，分子热运动越激烈，分子的平均动能就越大，物体的温度也就越高。所以，温度是物体分子平均动能的标态。

由于分子间存在相互作用力，因此分子具有由它们的相对位置所决定的势能。分子间距离等于 10^{-10} m 时，分子势能最小；分子间距离大于或小于 10^{-10} m 时，分子势能都增加。

物体内部所有分子的动能和势能的总和叫做物体的内能。物体的内能随温度、体积、形状和物态的变化而变化。

2.2 表面张力和表面张力系数

2.2.1 表面张力

1. 表面张力的概念

自然界有三种物质形态，即气态、液态和固态，相应的介质是气体、液体和固体。不同的介质相接触时，出现界面。一般存在如下几种界面：液—气界面、固—气界面、液—液界面和液—固界面。人们习惯把有气体参与的相界面称为表面，如把液—气界面称为液体表面，把固—气界面称为固体表面。在液—气表面，我们把跟气体接触的液体薄层称表面层。在液—固界面，把与固体接触的液体薄层称为附着层。存在于液体表面，使液体表面收缩的力称为液体的表面张力。

日常生活中，经常看到以下现象：滴在桌面上的一小滴水，表面凸出成半球状；荷叶上的小水滴和草叶上的露珠都近于球形；在水平的玻璃片上成球形的小水银珠，被盖上一块玻璃片后，受外力作用变得扁平，当外力去除后，又很快恢复成球状。一定量的液体，当它从其他形状变为球形时，表面积会减少；液膜有自动收缩的现象；液体表面有收缩到最小面积的趋势，等等。这些现象都是由于表面张力的作用造成的。

2. 表面张力的产生机理

由于气体分子间的平均距离较大，相互吸引力小，分子的动能足以克服分子之间的引力，因此气体能向各个方向扩散，从而没有一定的形状和体积。由于固体分子间的平均距离小，分子间的引力很大，分子间的动能不足以克服分子之间的引力，它们只能在各个的平衡位置附近振动，因此固体有一定的形状和体积，不易扩散。由于液体分子间的平均距离比气体小，但比固体大，分子的动能不足以克服分子之间的引力，但液体内部存在分子移动的“空位”，因此液体具有一定的体积，但没有一定的形状，可以流动。液体渗透检测就是利用液体流动的特性来进行的。

下面分析如图 2-1 所示的液体内部和表面层分子的受力状况。A 代表内部分子，所受合力为 F_1；B 代表近表面层分子，所受合力为 F_2；C 代表表面层分子，所受合力为 F_3。其中，分子 A 受分子作用球内的所有分子各个方向力的作用，这些力是互相抵消的，合力为零。B 分子靠近表面，其分子作用球已有一小部分进入气相，气相分子之间的作用力小于液相，因此，分子 B 就受到一种垂直指向液体内部的吸引力，叫做内聚力。C 分子的分子作用球已有大半个超出液体表面，它所受的内聚力更大。由此可见，$F_1 < F_2 < F_3$。

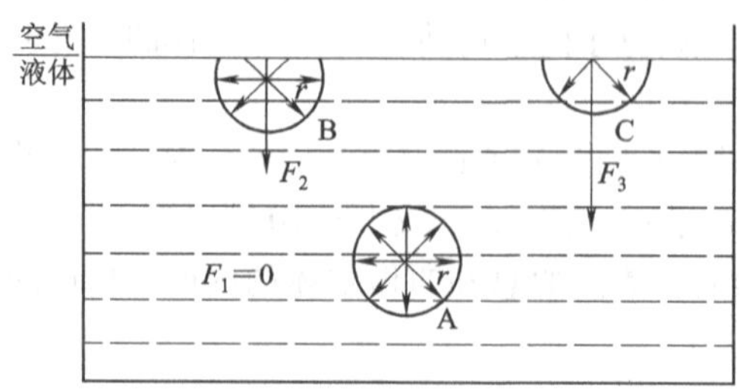

图 2-1　表面张力形成

在气液界面，存在一个液体的表面层，它是由距液面的距离小于分子作用半径的分子组成的。所有液体表面层的分子都受到内聚力的作用，这种作用力就是表面层对整个液体施加的压力，方向总是指向液体内部，垂直于液面。液体表面在该力的作用下形成一层紧缩的弹性薄膜，这层弹性薄膜总是使液面自由收缩，有使其表面积减小的趋势，这就是表面张力产生的原因。往水杯里倒水，有时水面高于杯口而水不外溢的现象就是表面张力存在的有力证明。

2.2.2 表面张力系数

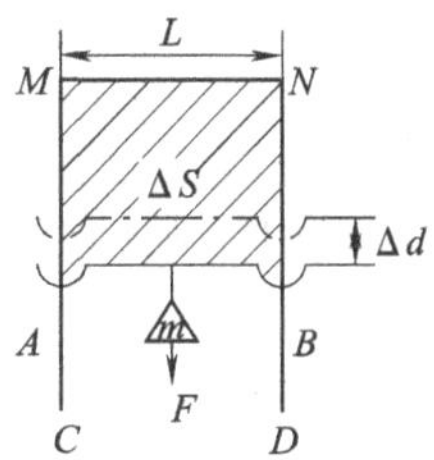

图 2-2 表面张力试验

表面张力试验如图 2-2 所示。*CMND* 是金属框，*AB* 是活动边，*AB* 与 *MC*、*ND* 的摩擦力忽略不计。把液体做成液膜，框在 *AMNB* 内。由于液体表面存在表面张力，而表面张力的方向总是与液面相切指向使液面缩小的方向，因此 *AB* 边就会在表面张力作用下向液面缩小的方向移动。若液面的宽度为 L，L 越大，则表面张力 f 也越大；为保持平衡，就必须施加一适当的与液面相切的力 F 于宽度为 L 的液面上。平衡时，这两个力大小相等方向相反，即

$$F = mg = f = \alpha L \tag{2-1}$$

式中 f——表面张力；

L——液面边界线 *AB* 长度；

α——表面张力系数；

F——外作用力；

m——所挂物体质量；

g——重力加速度。

由式(2-1)可知，表面张力一般用表面张力系数与液面宽度的乘积表示，单位是 N/m。表面张力系数可定义为单位长度上的表面张力，作用方向与液体表面相切，是液体的基本物理性质之一。

若 *AB* 边在外力 F 作用下移动 Δd，这时由液面表面积增加引起的液体表面能的增加 ΔE 就等于外力所做的功 ΔW，即

$$\Delta E = \Delta W = F\Delta d = f\Delta d = \alpha L\Delta d = \alpha\Delta S$$

$$\alpha = \Delta E/\Delta S = \Delta W/\Delta S$$

式中 ΔE——液体表面能的增量；

ΔW——外力所做的功；

ΔS——液面积的增量；

F——外力；

f——表面张力。

由此可见，表面张力系数 α 也可理解为扩大单位液体面积所需的功或增加单位表面积时液体表面能的增量，这时 α 的单位为 J/m^2。

液体表面张力系数越小，液体表面能越小，液体越容易挥发。

部分液体的表面张力系数见表 2-1。

表 2-1 部分液体的表面张力系数(20 ℃)

液体名称	表面张力系数/(10^{-3}N · m^{-1})	液体名称	表面张力系数/(10^{-3}N · m^{-1})
水	73.2	乙酸乙酯	27.9
乙醇	23.0	甲苯	28.4
苯	28.9	乙醚	17.0

续表

液体名称	表面张力系数/($10^{-3}N\cdot m^{-1}$)	液体名称	表面张力系数/($10^{-3}N\cdot m^{-1}$)
煤油	23.0	苯杨酸甲酸	41.5
松节油	28.8	丙酮	23.7
硝基苯	43.9	四氯乙烯	35.6

注:表中数据指液体—气体表面张力系数。

一般来说,表面张力系数与液体的种类和温度有关,一定成分的液体,在一定的温度和压力下有一定的 α 值;不同液体,α 值不同;同一液体,表面张力系数 α 随温度上升而小;但有少数的如铜、镉等金属的熔融液体的表面张力系数 α 随温度的上升而增大。此外,含有杂质的液体比纯净的液体的表面张力系数要小。

正如液体的自由表面有表面张力一样,液—液界面与液—固界面等两相之间的界面也有类似的界面张力。两相之间的化学特点越接近,它们之间的界面张力越小;界面张力值总小于两相各自的表面张力之和,这是因为两项之间总会存在某些吸附力。界面张力也有使界面自发减少的趋势。

2.3 润湿现象

2.3.1 润湿现象的概念

润湿现象也叫润湿作用,是介质表面上的一种流体被另一种流体取代的过程。

自然界物质有三态,物质的相与相之间的分界面称为界面。液体与固体接触时,会出现不同的情况:水滴在光洁的玻璃板上,水滴会沿着玻璃面慢慢散开,即液体在与固体接触时的表面有扩散的趋势,且能相互附着,这就是玻璃表面的气体(空气)被水(液体)所取代,这种现象说明水能润湿玻璃;而水银滴在玻璃板上,水银收缩成球形,即液体在固体表面有收缩的趋势,且相互不能附着,这种现象说明,这种液体不润湿固体表面。

润湿作用是一种表面及界面过程,表面上一种流体被另一种流体所取代的过程就是润湿。因此,润湿作用必然涉及三相,而至少其中两相为流体。润湿现象是固体表面上的气体被液体取代的表面及界面现象,有时是一种液体被另一种液体所取代的表面及界面过程。

因为水或水溶液是特别常见的取代气体的液体,所以一般把能增强水或水溶液取代固体表面空气的物质称为润湿剂。

2.3.2 接触角和润湿方程

将一滴液滴洒在固体表面上,液—固界面与界面处液体表面的切线的夹角为接触角,常用 θ 表示。固体表面上的液滴可有三种界面:即液—气、固—气、固—液界面。与三种界面一一对应,存在三种界面张力,如图 2-3 所示。这三种界面张力分别是:液—气界面上液体表面张力,它使液体表面收缩,用 f_L 表示;固—气界面上固体与气体的界面张力,它使液滴表面铺展开,用 f_S 表示;固—液界面上固体与液体的界面张力,它使液体表面收缩,用 f_{SL} 表示。气、液、固三相公共点 A 处,同时存在上述三种界面张力。当液滴停留在固体平面并处于平衡状态时,三种界面张力相平衡,各界面张力与接触角的关系为

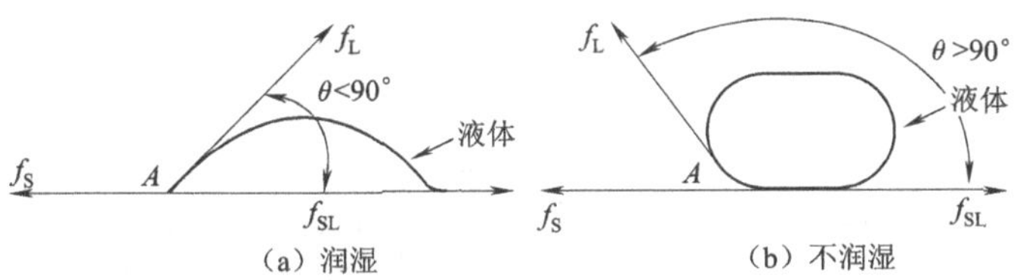

图 2-3 固体表面上液滴

$$f_S - f_{SL} = f_L \cos\theta \tag{2-2}$$

式中 f_S——固体与气体的界面张力；

f_{SL}——固体与液体的界面张力；

f_L——液体的表面张力；

θ——接触角。

式(2-2)可变为

$$\cos\theta = \frac{f_S - f_{SL}}{f_L} \tag{2-3}$$

此式是润湿的基本公式，常称为润湿方程。

接触角 θ 可用于表示液体的润湿性能，即可用于判定润湿以何种方式进行。习惯上将 $\theta = 90°$ 作为判定润湿与否的标准。

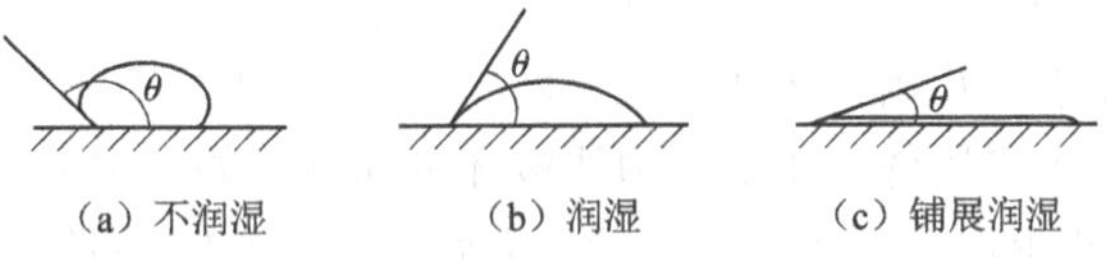

图 2-4 三种不同的润湿形式

(1)当 $\theta > 90°$时，$\cos\theta < 0$，$f_S - f_{SL} < 0$，液体呈球形，产生不润湿现象，如图 2-4(a)所示。

(2)当 $0 < \theta < 90°$时，$0 < \cos\theta < 1$，$f_L > f_S - f_{SL} > 0$，液体不呈球形，且能覆盖固体表面，产生润湿现象，如图 2-4(b)所示。

(3)当 $0 < \theta < 5°$时，$\cos\theta \approx 1$，$f_L = f_S - f_{SL}$，这时产生完全润湿现象，习惯上将这种现象称为铺展润湿现象，如图 2-4(c)所示。

接触角 θ 越小，说明润湿性能越好。液体的表面张力系数 α 对润湿性能有较大的影响，表面张力系数 α 越大，f_L 越大，$\cos\theta$ 越小，θ 越大，润湿效果差；反之，表面张力系数 α 越小，f_L 越小，$\cos\theta$ 越大，θ 越小，润湿效果好。

渗透检测中，渗透剂对工件表面的良好润湿是进行渗透检测的先决条件。只有当渗透剂能充分地润湿工件表面时，才能向狭窄的缺陷内渗透。此外，还要求渗透剂能润湿显像剂，以便将缺陷内的渗透剂吸出，显示缺陷。因此，润湿性能是渗透剂的重要指标，它是表面张力和接触角两种物理性能的综合反映。

某些固体与液体接触时，其接触角 θ 的实测数据见表 2-2。

表 2-2 某些固体与液体接触角 θ 的实测数据

液体	固体									
	碳素钢		不锈钢		镁合金		玻璃		铜	
	θ	$\cos\theta$	θ	$\cos\theta$	θ	$\cos\theta$	θ	$\cos\theta$	θ	$\cos\theta$
水	51.7	0.620	40.7	0.758	46.2	0.694	39.5	0.772	25.3	0.904
机油	26.5	0.895	17.1	0.961	23.0	0.921	19.7	0.941	21.5	0.930
渗透剂	4.3	0.997	6.0	0.995	12.0	0.978	4.0	0.998	2.0	0.999
乳化剂	17.5	0.954	18.0	0.951	16.3	0.960	14.0	0.960	22.0	0.927
乙二醇乙醚	4.8	0.995	12.0	0.978	4.5	0.997	17.7	0.963	6.0	0.995

从表 2-2 可看出,对于固体而言,不同的液体与其接触时,接触角 θ 不同,如水能润湿玻璃,但水银与玻璃却产生不润湿现象。同一种液体,对不同的固体而言,它的接触角 θ 也不同,它可能是润湿的,也可能是不润湿的。例如,水能润湿干净的玻璃,却不能润湿石蜡。同种固体和液体相接触,固体材料表面的粗糙度也会导致接触角 θ 发生变化,当 θ 小于 90°时,表面粗糙度变大将使接触角变小;当 θ 大于 90°时,表面粗糙度变小将使接触角增大。

2.3.3 润湿现象产生的机理

润湿和不润湿现象的产生,是分子间力相互作用的结果。当液体与固体接触时,形成一层与固体接触的液体附着层。附着层内的分子,一方面受到液体内部分子的吸引力,另一方面也受到固体分子的吸引力。如果固体分子的引力比液体内部分子的引力强,附着层内分子分布就比液体内部更密,分子间距小,附着层里就出现相互推斥的力,这时液体与固体的接触面积就有扩大的趋势,形成润湿现象。反之,如果固体分子的引力比液体内部分子的引力弱,附着层内分子的分布就比液体内部稀疏,附着层里就出现使表面收缩的表面张力,使液体与固体接触的面积趋于缩小,形成不润湿现象。

2.4 毛细作用

2.4.1 弯曲液面的附加压强

小容器内的液体表面会产生弯曲现象,形成凹液面或凸液面。弯曲液面的面积比平液面大,在表面张力的作用下,力图使弯曲液面缩小为平液面,从而使凸液面对液体内部产生压应力,凹液面对液体内部产生拉应力。弯曲液面单位面积对液体内部产生的拉应力或压应力称为附加压强,附加压强的方向总是指向弯曲液面的曲率中心,如图 2-5 所示。

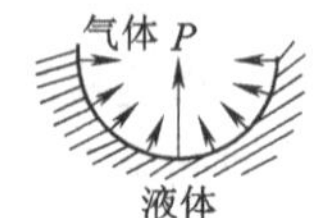

图 2-5 弯曲液面附加压强

凸液面对液体的附加压强指向液体内部,为正值;凹液面对液体的附加压强指向外部,为负值;平液面对液体的附加压强为零。

任意弯曲液面的附加压强,可表示为

$$P = \alpha\left(\frac{1}{R_1} + \frac{1}{R_2}\right) \tag{2-4}$$

式中 P——任意弯曲液面附加压强;

α——液体的表面张力系数；

R_1, R_2——任意弯曲液面的主要曲率半径。

对于球形液面，$R_1 = R_2 = R$，则有

$$P = \alpha\left(\frac{1}{R_1} + \frac{1}{R_2}\right) = \frac{2\alpha}{R}$$

对于柱形液面，$R_1 = R$，$R_2 \to \infty$，则有

$$P = \alpha\left(\frac{1}{R_1} + \frac{1}{R_2}\right) = \frac{\alpha}{R}$$

对于平液面，$R_1 \to \infty$，$R_2 \to \infty$，则有

$$P = \alpha\left(\frac{1}{R_1} + \frac{1}{R_2}\right) = 0$$

2.4.2　毛细作用和毛细管

1. 毛细作用和毛细管的定义

把润湿液体装在容器里，靠近器壁处的液面呈向上弯曲的形状；把不润湿液体装在容器里，靠近器壁的液面呈向下弯曲的形状。如果把内径小于 1 mm 的玻璃管插入盛有水的容器中，由于水能润湿玻璃，水在管内形成凹液面，对内部液体产生拉应力，故水会沿着管内壁上升，使玻璃管内的液面高出容器的液面，如图 2-6(a)所示。管子的内径越小，它里面上升的水面也越高。

如果把这根细玻璃管插入盛有水银的容器里，则所发生的现象正好相反。由于水银不能润湿玻璃，管内的水银面形成凸液面，对内部液体产生压应力，使玻璃管内的水银液面低于容器里的液面，如图 2-6(b)所示。管子的内径越小，它里面的水银面就越低。

润湿的液体在毛细管中呈凹面并且上升，不润湿的液体在毛细管中呈凸面并且下降的现象，称为毛细作用。能够发生毛细现象的管子叫毛细管。毛细作用也发生在两平板夹缝、棒状空隙和各种形状的开口缺陷处。

2. 毛细管中液体上升高度

毛细管插在润湿液体中，由于润湿作用，靠近管壁的液面就会上升，形成表面凹下，从而扩大液体表面。在弯曲液面的附加压强的作用下，液体表面向上收缩，而又成为平面。随后，润湿作用又起主导作用，靠近管壁的液面又向上升，重新形成表面凹下，而弯曲液面的附加压强又使其向上收缩成平面。如此，使毛细管的液面逐渐上升，一直到向上的拉力 F_U 与毛细管内升高的液柱重力 F_D 相等时，达到平衡，才停止上升，如图 2-7 所示。

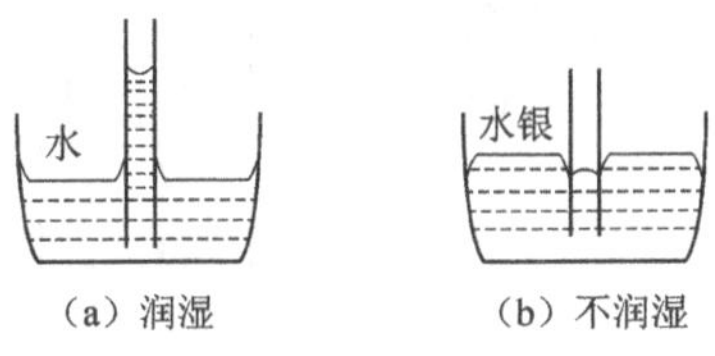

图 2-6　毛细管现象

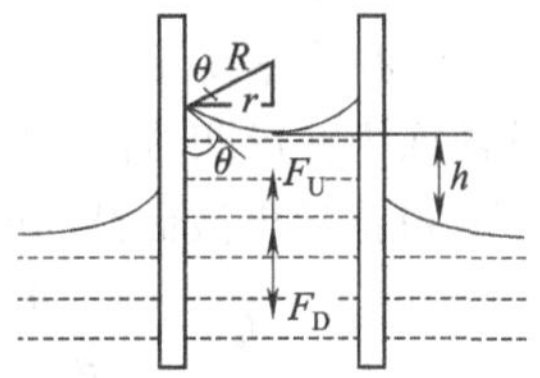

图 2-7　毛细管中受力分析

毛细管中附加压强产生向上的拉应力

$$F_U = \frac{2\alpha}{R} = \pi r^2$$

令毛细管的内径为 r，则有 $R = r/\cos\theta$，代入上式，可得

$$F_U = \frac{2\alpha\ \cos\ \theta}{r}\pi r^2 = 2\alpha\pi r\cos\ \theta$$

在拉力 F_U 作用下,管内上升的液体会产生一个方向与 F_U 相反的重力

$$F_D = \pi r^2 \rho gh$$

式中 ρ——液体密度,kg/m^3;

g——重力加速度,m/s^2;

h——管内液面上升的高度,m;

r——毛细管内液面曲率半径,m。

达到平衡时,$F_U = F_D$,则有

$$2\alpha\pi r\cos\ \theta = \pi r^2 \rho gh$$

化简整理得

$$h = \frac{2\alpha\cos\ \theta}{r\rho g} \tag{2-5}$$

式中 h——液体在毛细管中的上升高度,m;

α——液体表面张力系数,N/m;

θ——接触角,°;

r——毛细管内径,m;

ρ——液体密度,kg/m^3;

g——重力加速度,m/s^2。

式(2-5)为润湿液体在毛细管中上升高度的计算公式,由此式可知,液体在毛细管中上升的高度与表面张力系数和接触角的余弦的乘积成正比,与毛细管的内径和液体的密度成反比。也就是说,毛细管曲率半径越小,管子越细,则润湿液体在毛细管中的上升高度越高。若毛细管曲率半径一定,则表面张力越大,润湿作用越强,液体密度越小,液体上升越高。在实际渗透检测过程中,表面张力系数 α 增大,润湿效果差,接触角 θ 变大,$\cos\theta$ 减小;反之,表面张力系数 α 减小,$\cos\theta$ 增大。所以,渗透检测时,要求渗透剂的 α 值适当,太大太小都不利。

若液体能完全润湿管壁,即属于铺展润湿,此时 $\cos\theta\approx1$,则式(2-5)可简化为

$$h = \frac{2\alpha}{r\rho g} \tag{2-6}$$

如果液体不润湿管壁,则管内液面是凸出的弯月面。管内液面将低于管外液面,所下降的高度同样可以用公式(2-6)进行计算。

3. 两平行平板间的液面高度

如图 2-8 所示,润湿的液体在间距很小的两平行板间也会产生毛细现象,该润湿液体的液面为柱形凹液面,产生拉力,管内液面上升。若两平行板间的间距为 $2r$,可推导出液面升高的公式为

$$h = \frac{\alpha\ \cos\ \theta}{r\rho g} \tag{2-7}$$

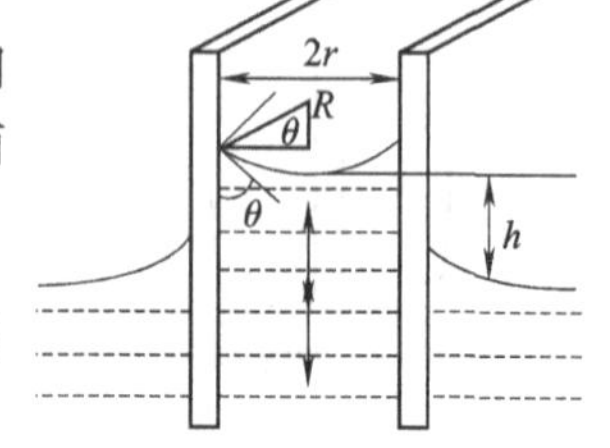

图 2-8 两平行平板间的毛细现象

式中 h——液体在毛细管中的上升高度,m;

α——液体表面张力系数,N/m;

θ——接触角,°;

r——毛细管内径,m;

ρ——液体密度,kg/m^3;

g——重力加速度，m/s^2。

由式(2-5)和式(2-7)可知，在相同条件下，毛细现象中柱形液面上升的高度仅为球形液面的1/2。

如果液体不润湿平板，则两平行板间的液面为柱形凸液面，产生压应力，使板内液面降低，其液面降低的高度同样可用公式(2-7)进行计算。

4. 渗透检测中的毛细作用

渗透检测过程中，渗透剂对受检测表面开口缺陷的渗透作用；显像过程中，渗透剂从缺陷中回渗到显像剂中形成缺陷显示迹痕等，实质上都是利用了液体的毛细作用。例如，渗透剂对表面点状缺陷（如气孔、砂眼）的渗透，就类似于渗透剂在毛细管内的毛细作用；渗透剂对表面条状缺陷（如裂纹、夹渣和分层）的渗透，就类似于渗透剂在间距很小的两平行平板间的毛细作用。

前面讨论的毛细管内液面上升高度的计算公式只适用于贯穿型缺陷，但实际检测过程中，工件中的贯穿型缺陷是不常见的，常见的是非贯穿型缺陷，这类一端是封闭的缺陷内的液面高度是不能简单用前面的公式计算的。

如图 2-9 所示，工件上有一个下端封闭的槽型开口缺陷，当渗透剂润湿工件缺陷表面时，就会形成柱形液面，产生附加压强，使渗透剂渗入缺陷内。当渗透剂达到一定深度时，缺陷内的气体和渗透剂所产生的气体被压缩将产生反向的压力，使液面的渗入深度受到限制。当渗透达到平衡时，若不计液体自重，则缺陷内受压的气体产生的反压强 P_g 等于大气压强 P_0 与柱形液面产生的附加压强 P 之和，即 $P_g = P_0 + P$。

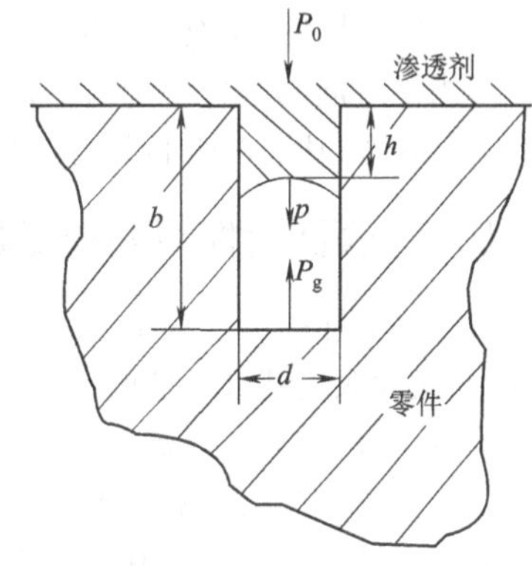

图 2-9 渗透剂在裂纹模型中的渗透

要使渗透剂完全占有裂纹空间，就必须减小气体的反压强，最好将裂纹内气体完全排除。如果裂纹较长，渗透剂未完全封闭整条裂纹表面，裂纹内气体就有可能排除。另外，如果通过某种外界手段，使裂纹内气体能以气泡形式溢出，则裂纹内气体反压强将会减小，渗透剂对裂纹的渗透作用就会增强。实际渗透检测过程中，我们可以采用敲击振动或超声振动等方法来使气体溢出，达到提高渗透检测灵敏度的目的。

 2.5 表面活性和表面活性剂

2.5.1 表面活性和表面活性剂的定义

把不同的物质溶于水中，会使表面张力发生变化。各种物质水溶液的浓度与表面张力的关系可归纳为三种类型，若以溶液的浓度为横坐标，以表面张力为纵坐标，可得到如图 2-10 所示的三条曲线。第一类溶液（曲线 1）在浓度很低时，表面张力随溶液浓度的增加而急剧下降，但溶液浓度降至一定程度后，表面张力下降减慢或不再下降，当溶液含有某些杂质时，表面张力可能出现最低值。肥皂、洗涤剂等物质的水溶液具有这样特性。第二类溶液的（曲线 2）表面张力随溶液浓度的增加而逐渐下降，如乙醇、丁醇、醋酸等物质的水溶液。第三类溶液的（曲线 3）表面张力随溶液浓度的增加而上升，如氯化钠、硝酸等物质的水溶液。

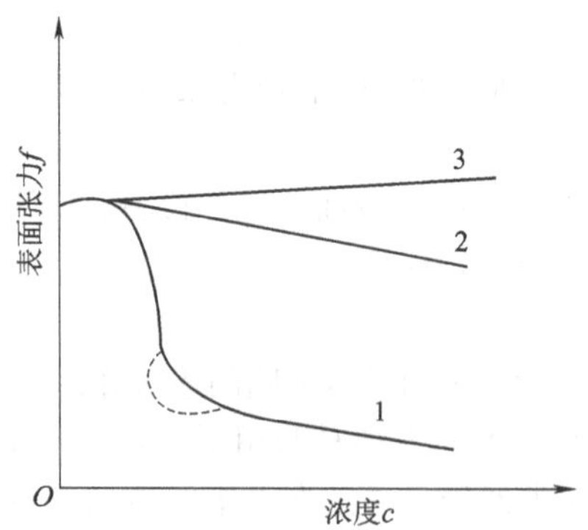

图 2-10　不同溶液表面张力 f 和浓度 c 关系曲线

因此，仅从降低表面张力这一特性而言，我们把凡能使表面张力降低的性质称为表面活性，具有表面活性的物质称为表面活性物质。对于水溶液而言，凡是具有曲线 1 和曲线 2 特性的物质都具有表面活性，都是表面活性物质。而对于那些具有曲线 3 特性的物质则无表面活性，称之为非表面活性物质。第一类物质不但能明显地降低溶剂的表面张力，还具有生产实际所要求的特性，如润湿、乳化、增溶、起泡和去污等，第二类物质就不具备这些性质。

当在溶剂（如水）中加入少量的某些溶质时，就能明显降低溶剂（如水）的表面张力，改变溶剂的表面状态，从而产生润湿、乳化、起泡及增溶等作用，这种溶质称为表面活性剂。

2.5.2　表面活性剂的种类和结构特点

表面活性剂可以看作是碳氢化合物分子的一个或多个氢原子被极性基团取代而组成的物质。其中，极性取代基可以是离子，也可以是非离子基团。实际应用的表面活性剂品种繁多，根据化学结构特点可将其分为：离子型表面活性剂和非离子型表面活性剂。表面活性剂溶于水时，凡能电离生成离子的叫离子型表面活性剂；凡不能电离成离子的称为非离子型表面活性剂。由于非离子型表面活性剂在水溶液中不电离，所以稳定性高，不易受强电解质无机盐类所影响，也不易受酸和碱的影响，与其他类型的表面活性剂的相溶性好，能很好地混合使用，在水和有机溶剂中，均具有较好的的溶解性能；且在一般固体表面上不易发生强烈吸附。因此，渗透检测中，通常都采用非离子型的表面活性剂。

表面活性剂分子一般总是由极性基和非极性基构成。极性基易溶于水，即具有亲水性质，故也被称为亲水基；而长链烃基（非极性基）不溶于水而易溶于油，具有亲油性，故也被称为亲油基或疏水基。亲水基和亲油基两部分分处表面溶剂分子的两端，形成不对称的结构；亲水基对水和极性分子有亲和作用，亲油基对油和非极性分子有亲和作用。因此，表面活性分子是一种两亲分子，具有亲油和亲水的两亲性质。这种两亲分子既能吸附在油水的界面上，降低油水的界面张力，又能吸附在水溶液的表面上，降低水溶液的表面张力，从而使不混合在一起的油和水变得可以互相混合。表面活性剂两亲分子示意如图 2-11 所示。

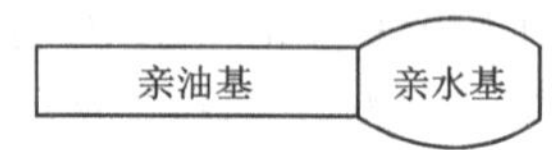

图 2-11　表面活性剂两亲性质示意

2.5.3　表面活性剂的性质

1. 表面活性剂的亲水性

表面活性剂是否溶于水，即亲水性的大小是衡量表面活性的一项重要指标。非离子型表面活性剂的亲水性用亲憎平衡值（H. L. B）来表示，其大小用非离子型表面活性剂中的亲水基分子量占表面活性剂的总分子量的比例来衡量，计算式如下：

$$\text{H. L. B} = \frac{\text{亲水基部分的相对分子量}}{\text{表面活性剂的相对分子量}} \times \frac{100}{5} \tag{2-8}$$

表面活性剂的 H. L. B 值除可按上式计算外，也可以根据表面活性剂在水中的分散情况来估算详见表 2-3。

表 2-3　从表面活性剂在水中分散的情况估算 H. L. B 值

表面活性剂在水中分散的情况	H. L. B 值
在水中不分散	1 ~ 4
在水中分散不好	3 ~ 6
强烈搅拌后呈乳状分散	6 ~ 8
搅拌后呈稳定的乳状分散	8 ~ 10
搅拌后呈透明至半透明的分散	10 ~ 13
透明溶液	> 13

表面活性剂的 H. L. B 值和其作用的对应关系如图 2-12 所示，由图可知，表面活性剂具有润湿、洗涤、乳化、增溶和起泡等作用，且 H. L. B 值越高，亲水性越好；H. L. B 值越低，亲油性越好。

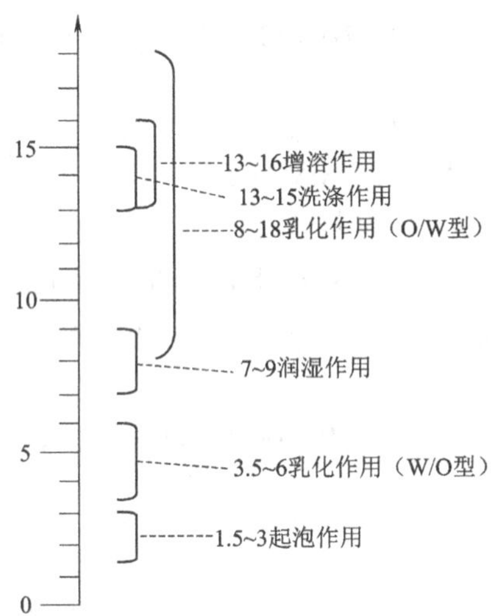

图 2-12　表面活性剂 H. L. B 值与其作用的对应关系

实际应用与图 2-12 所示的对应关系往往有较大的偏离，特别是对于水包油型的乳状液（O/W 型乳状液），作为乳化剂的 H. L. B 值的范围可以很大，甚至 H. L. B 值在 8 以上的表面活性剂都可作为乳化剂，洗涤剂和增溶剂的 H. L. B 值也不仅限于图 2-12 中所示的范围。

将几种不同 H. L. B 值的表面活性剂按一定的比例混合在一起，可得到一种新 H. L. B 值的表面活性剂，其物理化学性能的变化见表 2-4。为得到合适的 H. L. B 值，常在表面活性剂中添加另一种表面活性剂，混合后的表面活性剂比单一的表面活性剂性能更好，使用效果更佳。在渗透检测中，经常使用的工业生产的表面活性剂，而没有必要使用很纯的表面活性剂。几种非离子型表面活性剂混合后 H. L. B 值的计算式如下：

$$\text{H. L. B} = \frac{ax + by + cz + \cdots}{x + y + z + \cdots} \tag{2-9}$$

式中　a、b、c——混合前各表面活性剂的 H. L. B 值；

x、y、z——混合前各表面活性剂的质量。

表 2-4　常用表面活性剂的 H. L. B 值

名　　称	主要成分	H. L. B
OⅡ-7	烷基苯酚聚氧乙烯醚	12.0
TX-10	烷基苯酚聚氧乙烯醚	14.5
乳百灵 A	脂肪醇聚氧乙烯醚	13.5
润湿剂 JFC	脂肪醇聚氧乙烯醚	12.5
MOA	脂肪醇聚氧乙烯醚	5.0
吐温-80	失水山梨醇脂肪酸脂聚氧乙烯醚	15.0
斯盘-20	失水山梨醇单月桂酸脂	8.6
阿特姆尔-67	单硬脂酸甘油脂	3.8

下面举例说明 H. L. B 值的计算。

例 1　某活性剂的分子式为 $C_{12}H_{25}(OC_2H_4)_6OH$，亲水基部分的分子结构为 $(OC_2H_4)_6OH$，求 H. L. B 值。

解：总分子量为：$12C+25H+12C+25H+7O=12\times12+25\times1+12\times12+25\times1+7\times16=450$

亲水基部分的分子量为：$12C+25H+7O=12\times12+25\times1+7\times16=281$

因此：

$$\text{H. L. B}=\frac{\text{亲水基部分的相对分子量}}{\text{表面活性剂的相对分子量}}\times\frac{100}{5}=\frac{281}{450}\times\frac{100}{5}=12.5$$

答：脂肪醇聚氧乙烯醚的 H. L. B 值为 12.5。

例 2　计算 10 g 的 TX-10 和 20 g 的 MOA 混合后的 H. L. B 值。

解：从表 2-4 中可查出 TX-10R 的 H. L. B 值为 14.5，MOA 的 H. L. B 值为 5.0，将上述数值代入式(2-9)，则：

$$\text{H. L. B}=\frac{10\times14.5+20\times5}{10+20}=8.2$$

答：10 g 的 TX-10 和 20 g 的 MOA 混合后的 H. L. B 值为 8.2。

2. 表面活性剂的胶团化作用

表面活性剂在溶液中的浓度超过一定时，会从单体(单个分子或离子)缔合成胶态聚集物，即形成胶团。形成胶团时，亲油基聚集于胶团之内，而亲水基朝外，这一过程也称为胶团化作用。

形成胶团时所需的最低浓度称为临界胶团浓度，是衡量表面活性剂活性的重要指标。表面活性剂的临界胶团浓度越低，表示此种活性剂形成胶团所需的浓度越低，因而改变表面和界面性质，起到润湿、乳化、增溶及起泡等作用时所需的活性剂浓度也越低，表面活性剂的表面活性越强。

3. 表面活性剂在界面上的吸附作用

物质自一相内部富集于界面的现象即为吸附作用。吸附作用可发生在固—液界面、液—液界面和液—气界面等各种界面上。

由于表面活性剂具有“两亲”分子的特殊结构，而水又是强极性液体，因此当表面活性剂溶于水时，其亲水基有进入溶液的倾向，而疏水基则有离开水而进入空气的倾向，结果使表面活性分子在二相界面上发生相对聚集，这种现象称为吸附。表面活性剂分子是“两亲”分子，具有自液体中“逃离”的趋势，容易吸附并富集于水或溶液的表面，且形成定向的排列，极性的亲水基朝向水或水溶液，非极性的亲油基朝向空气。当表面活性剂分子在溶液中的浓度达到或超过临界胶团浓度时，表面活性剂近于饱和。此时，水或水溶液的表面很大程度上已被表面活性剂“两亲”分子所覆盖，相当于一层由碳氢链形成的表面层，这就大大地改变了表面性质，降低了水或溶液的表面张力，提高了润湿能力，与乳化、起泡及洗涤等作用都有极大的关系。例如，用表面活性剂可以使本来不相混合的油和水混溶在一起，形成稳定的乳状液。这是因为表面活性剂分子能从水溶液内部迁移并吸附于油—水界面，并在界面上富集，且形成定向排列，极性亲水基朝向水，非极性亲油基朝向油，使界面性质发生改变，从而起到乳化和洗涤的作用。油基渗透剂可以用水去除，就是利用了这一原理。表面活性剂吸附分子在水或水溶液表面上的状态，如图 2-13 所示。

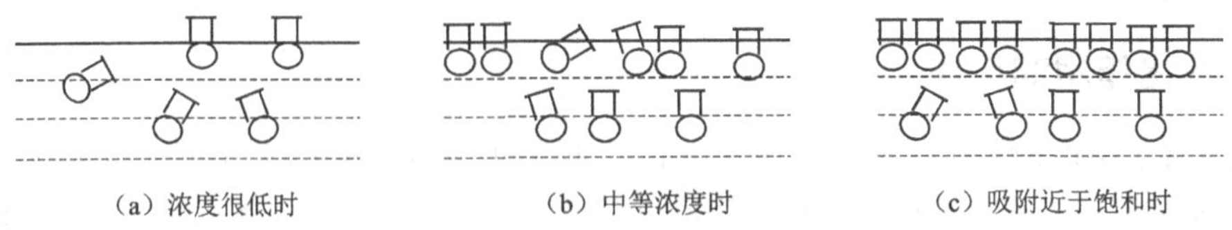

(a) 浓度很低时　(b) 中等浓度时　(c) 吸附近于饱和时

图 2-13　表面活性剂吸附分子在水或水溶液表面上的状态

当一种液体和另一种液体(或气体)接触时，凡能把被接触的另一种液体(或气体)中的某些成分吸附到这一种液体上来的现象就是液体表面的吸附作用。起吸附作用的一种液体是吸附剂，被吸附的另一种液体是吸附质。

当固体和液体或气体接触时，液体或气体中的某些成分聚集到固体表面的现象，就是固体表面的吸附作用。能起吸附作用的固体称为吸附剂，被吸附在固体表面上液体或气体中的某些成分称为吸附质。显像过程中，显像剂粉末吸附从缺陷中回渗的渗透剂，从而形成缺陷显示。这就是固体表面的吸附作用，显像剂粉末是吸附剂，回渗的渗透剂是吸附质。由于吸附是放热过程，因此显像剂中含有常温下易挥发的溶剂，当溶剂在显像表面迅速挥发时，能大量放热，从而促进显像剂粉末对缺陷中回渗的渗透剂的吸附，并且加剧吸附作用，可提高显像灵敏度。显像过程中吸附作用大于毛细作用。渗透剂的渗透过程中，受检工件及其中的缺陷与渗透剂接触时，也存在吸附作用，提高缺陷表面对渗透剂的吸附，有利于提高渗透检测灵敏度。渗透过程中的主要作用是毛细作用。

4. 表面活性剂的增溶作用

水溶液中存在表面活性剂能使原来不溶于水的有机化合物的溶解度显著增加，这就是表面活性剂的增溶作用。增溶作用与溶液中胶团的形成有密切的关系。在未达到临界胶团浓度前，并没有增溶作用，只有当表面活性剂在溶液中的浓度超过临界胶团浓度以后，增溶作用才明显地表现出来。胶团形成的原因是微溶物溶解度增加。表面活性剂在溶液中浓度越大，胶团形成越多，增溶作用越显著。

2.6　乳化作用和乳化剂

2.6.1　乳化作用和乳化剂的定义

众所周知，当衣服被油污弄脏后，放在水中，无论怎样洗刷都难以洗净，但是用肥皂或洗衣粉对衣服浸泡后再洗，很快就可以把油污洗掉。这是由于肥皂或洗衣粉溶液与衣服上的油污产生了乳化作用。

把两种互不混溶的油和水同时注入一个容器中，无论如何搅拌，静置一段时间以后，分散在水中的油滴都会逐渐聚集，出现油水分层，上层是油，下层是水，在分界面上形成明显的接触膜。这是因为油滴分散在水中，其表面积增加，而油水分层后，表面积达到最小。从表面张力系数的物理意义可知：液体表面积增加，其表面能也随之增加。而液体表面能高，则处于不稳定状态，体系将向能量较低的油水分层体系过度，以求稳定。因此，油水混合并静置后，总是要分成两层。

如在盛有油和水的容器中注入一些表面活性剂并加以搅拌，油就会分成无数微小的液珠球，稳定地分散在水中形成乳白色的液体，即使静置以后也很难分层，这种液体称为乳状液。这种由于表面活性剂作用，使本来不能混合到一起的两种液体能够混合在一起的现象称为乳化作用，具有乳化作用的表面活性剂称为乳化剂。

2.6.2 乳化作用的机理

乳化剂属于表面活性剂，它是具有亲水基和亲油基的“两亲”分子，亲水基对水和极性分子有亲和作用，而亲油基则对油和非极性分子有亲和作用。当乳化剂加到油水混合液中时，易在油水界面上吸附并富集，亲油基与油层相连，亲水基与水层相连，起到搭桥的作用，使两种不相溶的液体连在一起，形成均匀的乳浊液。在这个过程中，乳化剂起到两个作用，其一是通过在油水界面吸附并富集，改变界面的性质和状态，降低界面张力，使油滴表面能不因表面积的增加而急剧增加，从而使体系始终保持表面能较低的稳定状态；其二是在分散的液滴表面形成一种具有一定强度的保护膜，阻止液滴因碰撞而又重新聚集，而且当保护膜受损时，能自动弥补受损处。

2.6.3 乳化形式

乳化剂的乳化形式一般分为两种类型。H. L. B 值在 8 ~ 18 的表面活性剂的乳化形式为水包油型（O/W），这种乳化剂能将与水不相混溶的油呈细小的油滴的形式分散在水中，所形成的乳状液称为水包油型乳状液（如牛奶），因而这种乳化剂也称为亲水性乳化剂。后乳化型渗透剂的去除，多采用这种乳化剂，其 H. L. B 值在 11 ~ 15 之间，所形成的乳化液可以直接用水冲洗。H. L. B 值在 3.6 ~ 6 的表面活性剂的乳化形式为油包水型（W/O），这种乳化剂能将水以很细小的水滴的形式分散在油中（如原油），故称为亲油性乳化剂。后乳化型渗透剂有时也采用这类乳化剂去除。

2.6.4 渗透检测时的乳化作用

渗透检测时，去除表面多余的后乳化型渗透剂，一般使用水包油型乳状液进行乳化清洗，典型的乳化清洗过程如图 2-14 所示。

2.6.5 非离子型表面活性剂的凝胶作用

非离子型乳化剂与水混合时，其混合物的黏度随含水量的变化而变化。当乳化剂与水的混合物的含水量在某一范围时，混合物的黏度有极大值，此范围称为凝胶区，这种现象称为凝胶作用。

在渗透检测中，用水清洗工件表面多余渗透剂时，需接触大量的水，乳化剂的含水量超过凝胶区，黏度变小而易被水冲洗掉；而在缺陷处，由于缝隙开口小，所接触的水量少，乳化剂中的含水量在凝胶区范围内，形成凝胶，黏度很大，如同软塞封住缺陷开口处，使缺陷内的渗透剂不易被水冲洗掉，能较好地保留在缺陷中，从而提高检测的灵敏度。以非离子型表面活性剂为主要成分的乳化剂的凝胶作用如图 2-15 所示。

不同种类的物质对凝胶作用的影响不同，如煤油、汽油、二甲苯和二甲基萘等具有促进凝胶形成的作用，因此在渗透剂中常适当加入这类物质；而丙酮、乙醇等物质具有破坏凝胶的作用，因此常在显像剂中加入此类物质,以利于使缺陷中的渗透剂被显像剂吸附出来,扩展成像。采用上述两种方法,均有利于提高检测灵敏度。

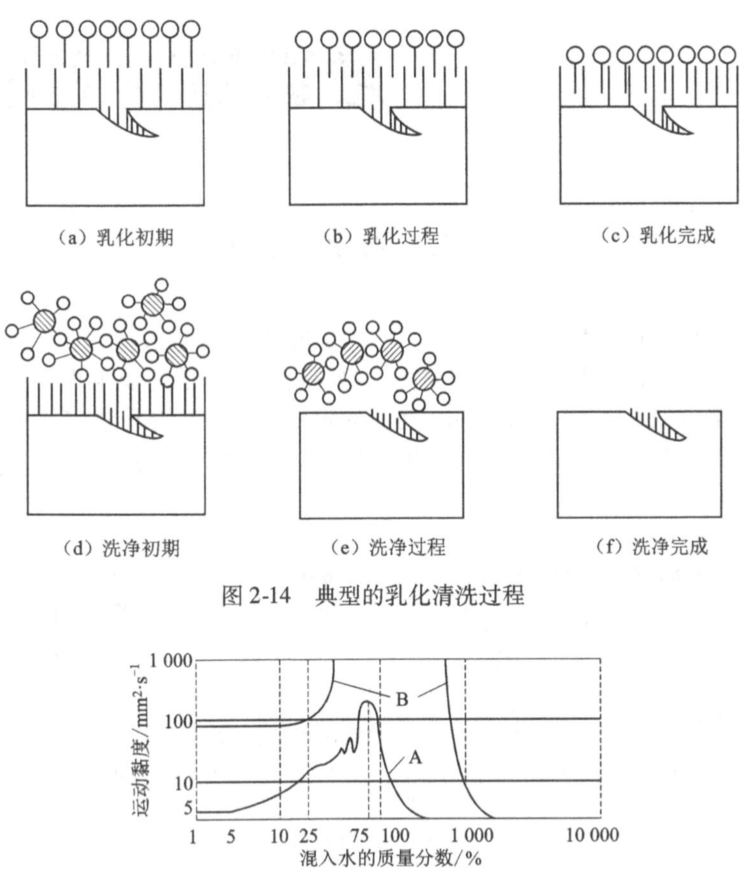

图 2-14 典型的乳化清洗过程

图 2-15 非离子型乳化剂的凝胶作用(曲线 B)和典型渗透剂的黏度与加水量的关系(曲线 A)

第3章

渗透检测光学基础

3.1 光的本性

光是一种电磁波，它具有电磁波的性质。按照电磁波谱频率（或波长）的大小排列形成电磁波谱，它们分别为γ射线、X射线、紫外线、可见光、红外线、微波、无线电波和电磁波，以及甚长电磁波，电磁波谱的大致区域范围如图3-1所示。可见光包括七种颜色的光，按照光的频率由低到高，依次为红、橙、黄、绿、蓝、青、紫。光的颜色是由光的频率决定的。

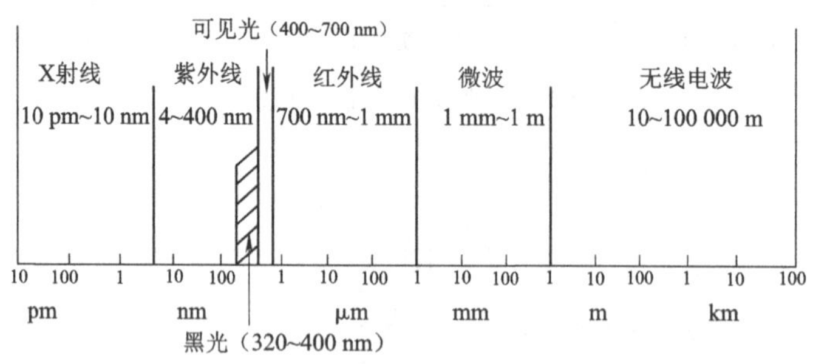

图3-1 电磁波谱

着色渗透检测时，经显像后，人眼可在白光下观察到缺陷的显示。白光也称可见光，其波长范围为400~700 nm，日光、白炽灯光或高压水银灯光等都是白光。荧光渗透检测时，经显像后缺陷的显示在白光下是看不到的，只有在紫外线的照射下，缺陷显示发出明亮的荧光，在暗场才可以被人眼所观察到。紫外线是一种波长比可见光更短的不可见光，荧光检验所用紫外线的波长范围为330~390 nm，其中心波长约为365 nm。紫外线也称黑光，荧光渗透检测时所用的紫外线灯也称黑光灯。

3.2 光度学

3.2.1 光度学的单位

光度学是一门研究光的计算和测量的科学。光度学通常涉及到发光强度、光能量等的计算和测量。

不同光源所发出光的强弱是不同的，即使同一光源，它向各个不同方向所发出光的强弱也不一定相同。为说明光源发光强弱的这种特性，引进下列几个概念。

（1）辐射当量：辐射是能量传递的一种方式，辐射当量是指辐射源（如光源）在单位时间内向给定方向所发射能量，即以辐射形式所发射、传播和接受的功率，故又称辐射功率，单位是W。

(2)光通量:光源发射的各种波长的光,并不都能引起眼睛的视觉,而且不同波长的光即使能量相同,眼睛的视觉灵敏度也不同。光通量是指能引起眼睛视觉强度的辐射通量,单位是 lm。1 lm 是指发光强度为 1 cd 的光源在一个球面度内的光通量。

(3)发光强度:发光强度是指光源向某方向单位立体角发射的光通量。国际单位名称是坎德拉,用符号 cd 表示。1 cd 是指给定单色光源(频率为 5.4×10^{14} Hz,波长为 0.550 μm)在给定方向上(该方向上辐射强度为 1/683 W/sr)的发光强度(球面度 sr 是一个立体角,其顶点位于球心,而它在球面上截取的面积等于以球半径为边长的正方形面积)。

(4)照度:照度是指被照射的物体在单位面积上所接受的光通量,用来表示物体被照明的程度,单位是 lx。被均匀照射的物体在 1 m^2 面积上得到光通量是 1 lm,它的照度是 1 lx,即 1 lx = 1 lm/m^2。

如果照射在某一表面上的光通量为 F,该表面的面积为 S,则这个表面的照度

$$E=\frac{F}{S} \tag{3-1}$$

显然,对于一定面积的表面,照射到它上面的光通量越大,这个表面的照度也越大。如果光通量大小一定,则被均匀照射的表面积越大,表面的照度就越小。

3.2.2 光致发光

许多原来在白光下不发光的物质在紫外线照射下能够发光,这种被紫外线激发而发光的现象,称为光致发光。能产生光致发光现象的物质,称为光致发光物质。光致发光物质常分为两种,一种是磷光物质,另一种是荧光物质。两者的区别在于:在外界光源停止照射后,仍能持续发光的,称为磷光物质;在外界光源停止照射后,立刻停止发光的,称为荧光物质。

我们知道:物质的分子是由原子组成的,而原子是由带正电的原子核和带负电的电子组成。在原子中,电子以原子核为中心按一定的规律排布在距原子核不同距离的电子层上,并以极高的速度绕原子核做无规则运动,离原子核中心越近的电子,与原子核的联系越牢固,能级也越低。

在正常情况下,大多数电子都处于能量最低的状态,称为基态。当紫外线照射到荧光物质时,离原子核较近的低能电子吸收紫外线的能量,从低能级的轨道跃迁到高能级的轨道上,这就是电子的能量升高,由基态跃迁到能量较高的某一状态,称为激发状态。高能级的激发态相对于基态是一种不稳定的状态,会在很短的时间内自发地向能量较低的基态过渡,即处于高能状态的电子会自发地跳跃到较低能级的轨道上。电子由高能级轨道跃迁到低能级轨道时,将辐射出一定能量的光子,当光子的波长在可见光的波长范围时,就会出现光致发光的现象。由于原子核外电子的能级特定,而光致发光所产生的光谱波长取决于核外电子的能级差,因此光致发光产生的谱线是线状谱,并非连续谱,其波长是一定的,不随入射光的能量而变。由于在吸收和能量转移过程中,有部分能量变成热能,故荧光波长一般大于入射光的波长。

荧光渗透剂中的荧光染料属于荧光物质,它能吸收紫外线的能量,发出荧光。不同的荧光物质发出的荧光颜色不同,波长也不同,它们的波长一般在 510 ~ 550 nm 的范围内。由于人的眼睛对黄绿色光较为敏感,故在荧光渗透检测中,常使用能发波长为 550 nm 左右的黄绿色荧光的荧光物质。

3.3 着色(荧光)强度

3.3.1 相似相溶法则

渗透检测中所用的大量渗透剂及部分显像剂(如水溶性显像剂)都具有溶液的性质,有部分渗

透剂(如过滤性微粒渗透剂)和大量显像剂是悬浮液。

溶液是由溶质和溶剂组成的均匀混合物,是介于机械混合物与化合物之间的一种物质,分为气态溶液(如空气)、液态溶液(如糖水)和固态溶液(如某些合金)等三种。通常所谓的溶液均指液态溶液。溶液中的溶剂是介质,它是指能溶解其他液体、气体或固体的物质,一般是液体。溶质以分子或离子形式均匀地分布在溶剂中,是溶解在溶剂中的物质,它可以是固体,也可以是液体,还可以是气体。溶液一般比较均匀,其每个组成成分中还多少保留着原有溶剂的性质。

溶剂的溶解作用与下列因素有关:化学结构相似的物质,彼此容易相互溶解;极性相似的物质彼此容易相互溶解。物质结构相似相溶是一个经验法则。当物质的结构相似时,即使分子种类不同,但分子间的作用力非常接近,溶质分子分散在溶剂分子之间就比较容易,即凡是溶质和溶剂两者分子的化学结构越是类似,就越能相互溶解。物质极性相似也是一个经验法则。当物质的极性相似时,则物质分子间的作用力很接近,物质之间能互溶。极性溶质容易溶解于极性溶剂中,非极性溶质容易溶解在非极性物质中。

“相似相溶”经验法则是有一定局限的,如硝基甲烷与硝化纤维,氯乙烷与聚氯乙烯,它们的结构相似,但不互溶。因此,在实际应用中,须通过实验加以验证。

3.3.2 溶解度

大部分渗透剂都是溶液,其中着色(荧光)染料是溶质,煤油、苯、二甲苯等是溶剂。当染料加入到可以溶解它的溶剂中时,染料表面的粒子(分子或离子)由于它们本身的运动和溶剂分子的吸引,就离开了染料的表面进入溶剂中,且通过扩散作用均匀分布到溶剂的各部分,这个过程叫溶解。溶解了的染料粒子在渗透剂中不断地运动,当它撞击着尚未溶解的染料表面时,又可能重新被吸引住,回到染料上来,这个过程叫结晶。显然,开始时结晶作用不显著,但是随着染料的不断溶解,渗透剂的浓度增大,结晶速度渐渐增大。如果渗透剂的浓度增加到一定程度后,结晶的速度等于溶解的速度,渗透剂中未溶解的染料与渗透剂中的染料达到了动态平衡,这时,渗透剂的浓度不再改变(假定温度不变),即达到了饱和状态。在一定温度下,一定数量溶剂中,染料溶解达到饱和状态时,已溶解了的染料数量就是该染料在该温度下的溶解度。

研制渗透剂配方时,选择理想的着色(荧光)染料及溶解该染料理想的溶剂,使其染料在溶剂中的溶解度较高,对提高渗透检测灵敏度有重要意义。

3.3.3 浓度

渗透剂的浓度是指一定量渗透剂里所含着色(荧光)染料的量,也就是所含染料在不超过它的溶解度的范围内,在量的方面和溶剂的组成关系;因此,渗透剂的浓度只能在未达到饱和时的范围内才具有可变的意义。

表示渗透剂浓度的方法很多,但主要是质量百分比浓度和摩尔浓度两种。

渗透剂的百分比浓度是指渗透剂中着色(荧光)染料的质量占全部渗透剂质量的百分比,公式如下:

$$\text{百分比深度} = \frac{\text{着色(荧光)染料质量(g)}}{\text{渗透(染料+溶剂)质量(g)}} \times 100\% \tag{3-2}$$

渗透剂的摩尔浓度是指1 L渗透剂中,着色(荧光)染料物质的量,公式如下:

$$\text{摩尔浓度} = \frac{\text{着色(荧光)染料质量(mol)}}{\text{渗透液的体积(L)}} \tag{3-3}$$

物质的量是国际单位制的基本单位之一,表示物质所含微粒数的多少,物质的量的单位是mol。mol物质含有阿伏伽德罗常数个微粒(阿伏伽德罗常数$=6.02\times10^{23}$),物质的量计算公式如下:

$$物质的量 = \frac{物质的质量(g)}{物质的摩尔质量(g/mol)} \tag{3-4}$$

物质的摩尔质量是指 1 mol 任何分子的质量,单位为 g/mol,数值上等于该分子的分子量。

3.3.4 着色(荧光)强度

显像剂中的白色粉末构成毛细管,产生毛细作用,吸附渗透剂。但是,吸附上来同样数量的渗透剂,有的看得见,有的看不见(或不明显),这是由于渗透剂的着色强度或荧光强度不同。所谓着色强度或荧光强度,实际上是缺陷内被吸附出来的一定数量渗透剂,在显像后能显示色泽(色相)的能力。它与渗透剂中着色染料或荧光染料的种类有关,与染料在渗透剂中的溶解度有关。荧光强度不但与荧光染料的种类及染料在渗透剂中的溶解度有关,还与入射紫外线的强度有关。荧光染料吸收紫外线转换成可见荧光的效率,将直接影响荧光强度,荧光渗透剂发光时各变量的关系如下:

$$I_f = \Phi I_0 (1 - e^{-KCX}) \tag{3-5}$$

式中　I_f——可见光内测定的荧光强度;

I_0——工件表面测定的紫外线强度;

C——荧光染料的有效浓度;

K——荧光染料的消光系数;

X——荧光渗透剂的膜层厚度;

Φ——染料系统所产生的可见光量。

着色(荧光)强度常用吸光度和临界厚度来度量。吸光度表征光线通过有色溶液后部分光线被溶液吸收使透射光强度减弱的程度,用消光系数 K 表示,它定义为入射光强 I_0 与透射光强 I 之比的常用对数值。消光系数 K 与渗透剂中染料的浓度及光线所透过的液层厚度的乘积成正比,常用下式表示:

$$K = \lg \frac{I_0}{I} = \alpha CL \tag{3-6}$$

式中　K——消光系数;

I_0——入射光强;

I——透射光强;

α——比例系数;

C——渗透剂中的染料浓度;

L——光线所透过的液层厚度。

可见,渗透剂的消光系数 K 越大,着色(荧光)强度就越大,缺陷显示越清晰。此外,增大渗透剂中染料的浓度,可增大渗透剂的吸光度,提高渗透检测的灵敏度。因此,在渗透剂的配制中,选择合适的染料及相应的溶剂,以提高渗透剂中染料的浓度,是十分重要的。

被显像剂所回渗上来的渗透剂的厚度达到某一定值时,若再增加其厚度,该渗透剂的着色(荧光)强度也不再增加,此时的液层厚度称为渗透剂的临界厚度。可见,渗透剂的临界厚度越小,着色(荧光)强度就越大,缺陷显示越易于发现。

3.4 显像特性

3.4.1 显像剂的显像功能

显像是利用显像剂吸附从缺陷中回渗到受检工件表面的渗透剂,形成一个肉眼可见的缺陷显示。显像剂的显像过程同渗透剂的渗透过程一样，是通过毛细作用和吸附作用实现的，其中起主要作用的是吸附作用。

显像剂通常有两个基本功能：

（1）吸附足够的从缺陷中回渗到工件表面的渗透剂；

（2）通过毛细作用，渗透剂将在工件表面横向扩展，使缺陷轮廓图形的显示扩大到足以用肉眼看见。裂纹缺陷中回渗的渗透剂，通过显像剂的扩展，使裂纹缺陷显示尺寸可高达实际裂纹缺陷宽度的许多倍，有的甚至高达250倍左右。

3.4.2 显像剂的显像过程

显像剂白色粉末颗粒非常细微，直径为微米级，它可以形成许多直径很小且很不规则的毛细管。由于渗透剂能润湿白色粉末，因此缺陷中渗透剂容易在白色粉末形成的毛细管中上升，且在受检表面横向扩展，使缺陷的痕迹得到放大而显示出来。一般干式显像剂或水溶性显像剂的显像过程都是如此。

不使用显像剂的自身显像是渗透剂通过毛细管所产生的回渗作用而形成的。溶剂悬浮显像剂和塑料薄膜显像剂，其中的溶剂能溶到渗透剂中，降低渗透剂的黏度，促使渗透剂回渗到受检表面，并进入显像剂中，经毛细管作用而形成显示。

着色渗透检测时，观察缺陷图形显示是在明视场白光下，通过色彩反差进行的，整个白色衬底上只有缺陷部分呈现红色图样。由于缺陷图形显示周围的衬底（背景），必须是某种程度浓度的白色，因此不使用干粉显像，而使用溶剂悬浮显像剂显像。显像过程中，溶剂迅速挥发，带走大量热量，促进了显像剂对缺陷中回渗的渗透剂的吸附，使显像灵敏度得到提高。

荧光渗透检测时，无缺陷区域呈深紫蓝色，唯有缺陷部分发出黄绿色光，观察缺陷图形显示是在暗视场黑光下通过色彩反差进行。荧光渗透检测常使用干粉显像剂。由于干粉显像剂只吸附在缺陷部位，即使经过一段时间后，缺陷轮廓图形也不易散开，仍能显示出清晰的图形，因此使用干粉显像剂可以分开显示出互相接近的缺陷，即显像分辨率高。

使用加水后即可胶化的水洗型荧光渗透剂，清洗处理后，不用显像剂，就可直接观察缺陷显示，即实现自显像。但是，对于深度在50 μm以下的细微缺陷，一般还是利用显像剂进行显像，以利于提高渗透检测灵敏度。

一般认为，渗透检测的缺陷检测界限尺寸取决于渗透剂分子大小、缺陷显示图形色彩反差以及形成目视可见显示所需渗入最小缺陷的最少渗透剂量等。

3.4.3 缺陷显示尺寸

缺陷容积（深度×宽度×长度）越大，容纳的渗透剂就越多，留在缺陷中输送给显像剂形成显示的渗透剂就多，缺陷显示越明显。显像剂显示的缺陷图象尺寸比缺陷的实际尺寸要大，缺陷的长度是缺陷显示的主要尺寸，它能提供一个肉眼可见的实测尺寸。缺陷越狭（宽度小），越浅（深度小），越短（长度小），越不易发现，所需的渗透停留时间越长。例如，细小的疲劳裂纹、应力腐蚀裂纹及晶间腐蚀裂纹等，能提供的缺陷显示尺寸太小，肉眼很难发现，渗透停留时间长达数小时。

试验结果表明：荧光迹痕显示长度为0.3 mm，若以95%的置信度水平进行检测，大约只有45%的概率能检测出来；荧光迹痕显示长度为1.1 mm，若以95%的置信度水平进行检测，大约有90%的概率能检测出来。

3.4.4 可见度和对比度

1. 可见度

渗透检测最终能否检测出缺陷，依赖于缺陷的显示能否被观察到，即可见度，可见度高，缺陷的检出能力越强。可见度是观察者相对于背景、外部光等条件下能看到显示的一种特征，与显示的对比度密切相关。

2. 对比度

某个显示与围绕这个显示的背景之间的亮度和颜色之差，称为对比度。对比度可用两者间的反射光或发射光的相对量来表示，这个相对量称为对比率。

试验测量结果表明，从纯白色表面上反射的最大光强度约为入射白光强度的98%，从最黑的表面上反射的最小光强度约为入射白光强度的3%，这表明黑白之间可以得到最大的对比率为33∶1。实际上要达到这个比值是极不容易的，试验测量结果表明，黑色染料显示与白色显像剂背景之间的对比率为9∶1，而红色染料显示与白色显像剂背景之间的对比率只有6∶1。

荧光染料显示与不发荧光的背景之间的对比率值很高，即使周围环境有微弱的白光存在，这个对比率值仍可达300∶1，有时可达1 000∶1；在完全暗的情况下，对比率值甚至可达无穷大。这也是荧光渗透检测灵敏度较高的原因之一。

着色渗透检测时，红色染料显示与白色显像剂背景之间可形成鲜明的色差。荧光渗透检测时，背景的亮度必须低于要求显示的荧光亮度，某些很淡的背景的存在，就是适度乳化和适度清洗的最好标志。

3.4.5 影响裂纹检出能力的因素

裂纹检出能力表征相对于背景及外部光等条件，裂纹缺陷内的渗透剂能形成可用肉眼直接观察裂纹缺陷的显示能力。所谓背景是指缺陷图形周围的衬底。

人眼具有复杂的观察机能，在强白光下，人眼对微小光源不敏感，而对颜色和对比度差别的辨别能力很强。着色渗透检测时，红色着色渗透剂显示能在白光背景上形成较大的色差，人眼在强白光下辨别能力很强。在暗光中，人眼辨别颜色和对比度差别的辨别本领很差，却能看见微弱发光的物体。在暗视场中，人眼直接观察发光的小物体时，感觉到的光源尺寸要比真实物体大，这是因为当光的亮度降低时，眼睛的瞳孔会自动放大，以便吸收更多的光。从明亮处进入黑暗处，必须过一段时间，才能看见周围的东西，这种现象称为黑暗适应。黑暗适应所需要的时间因人而异，它依赖检测人员的年龄及健康状况等因素。对于荧光渗透检测检验而言，黑暗适应时间通常3 min就足够了，不过要完全适应黑暗条件，一般需要5～20 min。同样，从黑暗处进入明亮处也需要足够的恢复时间。人的眼睛对各色光的敏感性是不同的，对黄绿色光最敏感，在黑暗处黄绿色光具有最好的可见性。因此，荧光检测时采用的荧光渗透剂，在紫外线照射下通常发黄绿色光。人眼敏感特性如图3-2所示。

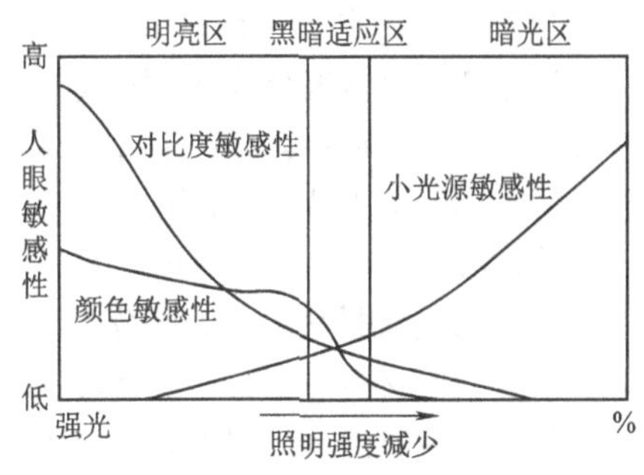

图3-2 人眼敏感特性

渗透剂中染料种类及浓度将影响裂纹检出能力。渗透剂被化学药品污染，荧光渗透剂长时间受紫外线照射，着色渗透剂长时间受强日光照射等，将降低裂纹检出能力。先浸渍后滴落的施加渗透剂的工艺方法，可使渗透剂中的大量挥发性成分挥发掉，而留下更多浓度较大的组分，染料的浓度相对于原渗透剂中的浓度更高，可提高裂纹检出能力。

第4章 渗透检测试剂

4.1 渗 透 剂

4.1.1 渗透剂的分类及组分

1. 渗透剂的分类

1) 按溶解染料的基本溶剂分类

按溶解染料的基本溶剂可将渗透剂分为水基渗透剂与油基渗透剂两类。水基渗透剂以水作溶剂,水的渗透能力很差,但在水中加入适量的表面活性剂可以降低水的表面张力,增加水对固体的润湿能力,从而使渗透能力大大提高。油基渗透剂中基本溶剂是"油"类物质,如航空煤油、灯用煤油、200#溶剂汽油等,油基渗透剂的渗透能力很高,检测灵敏度高。

2) 按多余渗透剂的去除方法分类

按多余渗透剂的去除方法可将渗透剂分为自乳化型渗透剂、后乳化型渗透剂与溶剂去除型渗透剂三类。自乳化型渗透剂中含有一定量的乳化剂,多余的渗透剂可直接用水去除掉;后乳化型渗透剂中不含乳化剂,多余的渗透剂需要用乳化剂乳化后,才能用水去除掉;溶剂去除型渗透剂是用有机溶剂去除多余的渗透剂。

3) 按渗透剂所含染料成分分类

按渗透剂所含染料成分可将渗透剂分为荧光液、着色液、着色荧光液三类。荧光液中含有荧光染料,只有在黑光照射下,缺陷图象才能被激发出黄绿色荧光,观察缺陷图象在暗室内黑光下进行;着色液中含有红色染料,缺陷显示为红色,在白光或日光照射下观察;着色荧光液在白光或日光照射下缺陷显示为红色,在黑光照射下缺陷显示为黄绿色(或其他颜色)荧光。

4) 按灵敏度水平分类

渗透剂的灵敏度分为低、中、高与超高等四个等级。

水洗型荧光液:具有低、中、高灵敏度。

后乳化型荧光液:具有中、高、超高灵敏度。

着色液:具有低、中灵敏度。

5) 按与受检材料的相容性分类

按与受检材料的相容性可将渗透剂分为与液氧相容渗透剂和低硫低氯低氟渗透剂。

与液氧相容渗透剂用于氧气或液态氧接触工件的渗透检测,在液态氧存在的情况下,该类渗透剂与其不发生反应,即具有惰性。低硫低氯低氟渗透剂专门用于镍基合金、钛合金及奥氏体材料的渗透检测,可以防止渗透剂对此类合金材料的破坏。

6)特殊类型的渗透剂

(1)着色荧光液。着色荧光液既可以在白光下检验又可在黑光下检验,在白光下呈鲜艳的暗红色,在黑光灯下发出明亮的荧光。所以,这种渗透剂在白光下具有着色检测的灵敏度,而在黑光下则具有荧光检验的灵敏度,即可以同时完成两种灵敏度的检测,又称为双重灵敏度的渗透剂。

应当指出:这类渗透剂是将一种特殊的染料溶解在渗透剂中,这种染料在日光下呈暗红色,而在黑光的照射下又能发出荧光。它决不是将着色染料和荧光染料同时溶解到渗透溶剂中配制而成的。由于分子结构的原因,着色染料若与荧光染料混到一起,将会猝灭荧光染料所发出的荧光。

(2)化学反应型渗透剂。化学反应型渗透剂是将无色或淡黄色的染料溶解在无色溶剂中形成的一种无色或淡黄色的渗透剂。这种渗透剂在与配套的无色显像剂接触时会发生化学反应,产生鲜艳的颜色,在紫外灯照射下发出明亮的荧光,从而形成清晰的缺陷显示。因此,这种渗透剂也是一种着色荧光两用液,也称双重灵敏度的渗透剂,如日本的"拓色涂"渗透剂。

这类渗透剂缺陷显示清晰,不污染操作者的衣服及皮肤,也不会污染工件和工地,冲洗出的废水也是无色的,避免了颜色污染问题。

(3)高温下使用的渗透剂。对高温工件进行检测时,涂覆在工件上的荧光渗透剂中的染料将很快地遭到破坏,从而使荧光猝灭。因此,通常的荧光渗透剂不能用于高温工件的检测。高温下使用的渗透剂,应能在短时间与高温工件接触而不破坏,用这种渗透剂进行检测时,检测速度应尽量快,要在染料未完全破坏前完成检测。

(4)过滤性微粒渗透剂。过滤性微粒渗透剂是一种比较适合于检查粉末冶金工件、石墨制品、陶土制品等材料的渗透剂。这种渗透剂是一种悬浮液,是将粒度大于缺陷宽度的染料悬浮在溶剂中而配制成的。当渗透剂流进缺陷时,染料不能流进缺陷的染料微粒就会聚集在缺陷的开口处,以提供裂纹显示。根据实际需要,这种微粒可以是着色染料,也可以是荧光染料。过滤性渗透剂显示缺陷示意如图 4-1 所示。

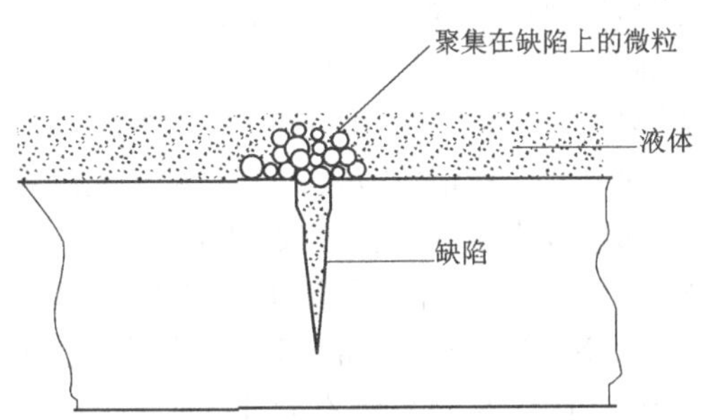

图 4-1 过滤性微粒渗透剂显示缺陷示意

过滤性微粒渗透剂中的微粒大小和形状必须恰当,如微粒过细,则会很快地渗入缺陷的内部,从而减少聚积到缺陷开口处的微粒的数量,降低灵敏度;如微粒过大,则流动性差,甚至不能随渗透剂流动,因此难以聚积形成缺陷显示。微粒的形状最好是球形,以具有较好的流动性;微粒的颜色应选择与被检件表面颜色反差大的那一种,以提高灵敏度。

渗透剂中悬浮微粒的液体,必须能充分润湿被检工件的表面,以使微粒能自由地流动到缺陷上,从而显示出缺陷。这种液体的挥发性不能太大,否则微粒在流动中就会被干燥在工件表面上;

挥发性也不能太小,否则流动性太差,会使渗透剂长时间残留在表面上。

使用过滤性微粒渗透剂之前应充分搅拌,待微粒均匀后方可使用,施加渗透剂时,最好用喷枪喷涂,不允许使用刷涂,因为刷涂会妨碍渗透剂的流动,产生伪缺陷显示。此外,使用这种渗透剂时,不需要显像剂。

2. 渗透剂的主要组分

1)红色染料

着色液中所用染料多为红色染料,因为红色染料能与显像剂的白色背景形成鲜明的对比,产生较大的反差,以引起人们的注意。着色液中的染料应满足色泽鲜艳,易溶解、易清洗、杂质少、无腐蚀和对人体基本无毒的要求。

染料有油溶型、醇溶型及油醇混合型三类,一般着色液中多使用油溶型偶氮染料。所谓偶氮染料是指分子内部都含偶氮基—N ═N—,并且两侧连有芳香族环。根据含偶氮基的多少,可将偶氮染料单偶氮染料(含一个偶氮基)、双偶氮染料(含两个偶氮基)及三偶氮染料(含三偶氮基)等多种。

常用红色染料有苏丹红、128 号烛红、223 号烛红、荧光桃红、刚果红和丙基红等。其中,苏丹红使用最广,它的化学名称叫偶氮苯;丙基红和荧光桃红为醇溶性染料。

2)荧光染料

荧光染料是配制荧光液的关键材料之一。荧光染料应具有很强的荧光,由于人们的视觉对黄绿色最敏感,因此要求荧光染料发出黄绿色的荧光。同时,荧光材料应耐黑光、耐热和对金属无腐蚀等。

荧光黄和荧蒽系我国早期使用的荧光染料,但由于荧光黄在煤油中溶解度较小,荧蒽发出的荧光为蓝白色,故均被淘汰。苝类化合物 YJP-15、JYP-1;萘酰亚胺化合物 YJN-68、YJN-42;香豆素化合物 MDAC 等系我国 20 世纪 70 年代使用的荧光染料,具有荧光强,色泽鲜艳,对光和热稳定性较好的优点。所配置的荧光液也具有这些特点。

荧光染料的荧光强度和波长与所用的溶剂及其浓度有关。例如,YJP-15 在氯仿中发出强黄绿色荧光,在石油醚中发出绿色荧光。而且前者强度较后者强,荧光强度随着浓度的增加而增强,但浓度达到某一数值后,就不再继续增强,甚至会减弱。

“串激”也是一种可以增强荧光强度的方法,即在荧光渗透剂中加入两种或两种以上的荧光染料,组成激活系统,起到“串激”的作用。所谓“串激”就是一种荧光染料受紫外线照射后发出的荧光波长正好与另一种荧光染料的吸收光谱的波长一致,从而激发另一种材料发出荧光。例如,在荧光渗透剂中同时加入 MDAC 和 YJN-68 两种荧光染料,在紫外线照射下,MDAC 吸收紫外线,发出 425 ~ 440 nm 的蓝色光,恰好与 YJN-68 的吸收光谱 430 nm 相重合,故被 YJN-68 所吸收,并发出 510 nm的绿色荧光,由于串激发光,而使得 YJN-68 在紫外线照射下,能发出明亮的黄绿色荧光。由此可知,“串激”并非两种染料荧光谱的简单叠加,而是一种荧光染料增强另一种荧光染料的荧光强度。

3)溶剂

溶剂有两个作用:一是溶解染料,二是起渗透作用。因此,渗透剂中所用溶剂应具有渗透能力强,对染料溶解性能好,挥发性小、毒性小、对金属无腐蚀且经济易得等性能。多数情况下,渗透剂都是将几种溶剂组合使用,使各成分的特点达到平衡。溶剂大致可以分为基本溶剂和起稀释作用的溶剂两大类。基本溶剂必须具有充分溶解染料,使渗透剂鲜明地显示出红色色泽或发黄绿色荧光等条件。稀释剂除具有适当的调节黏度与流动性的作用外,还起降低材料费用的作用。基本溶剂与稀释溶剂能否配合得平衡，将直接影响渗透剂特性（黏度、表面张力、润湿性等），是决定渗透剂性能好坏的重要因素。

煤油是一种最常用的溶剂，具有表面张力小，润湿能力强等优点，但有一定的毒性，挥发性也较大。

乙二醇单丁醚常作耦合剂，使渗透剂具有较好的乳化性、清洗性和互溶性。

对渗透力强的溶剂染料在其中的溶解度不一定高，或者说染料溶解在其中不一定能得到理想的颜色或荧光强度。有时，需要采用一种中间溶剂来溶解染料，然后再与渗透性能好的溶剂互溶，得到清澈的混合液，这种中间溶剂称互溶剂。

选择合适的溶剂对提高着色强度或荧光强度至关重要。试验证明，荧光染料在溶剂中的浓度增加时，荧光强度也随之增加，但浓度增加到一极限值，再继续增加时，荧光强度反而减弱。这说明单靠提高荧光强度或着色强度的作用是有限的。

染料在溶剂中的溶解度与温度有关，要使染料在低温下不从溶剂中分离出来，还需在渗透剂中加进一定量的稳定剂（或称助溶剂、偶合剂）。某些有机溶剂的物理常数见表 4-1。

表 4-1 某些有机溶剂的物理常数

化合物名称	密 度	表面张力系数/(10^{-5}N · cm^{-1})	黏度/(10^{-6}m^2 · s^{-1})	闪点/℃
水	0.999 2	72.80	1.004 0	
乙醇	0.789 0	23.00	1.521 0	57
乙二醇	1.115 0	47.70	17.850 0	232
乙醚	0.736 0	17.01	0.316 1	-49
丙酮	0.790 0	23.70	0.321 8	0
甲乙酮	0.800 7	27.90	0.542 0	
乙二醇单丁醚	0.904 0			165
苯	0.879 0	28.87	0.599 6	
二甲苯	0.880 0	30.03		
萘	0.665 0	21.80	0.610 0	30
四氯乙醚	1.595 3	35.60	0.988 0	
煤油	0.840 0	23.00	1.650 0	40
5#机油	0.890 0		4.0 ~ 5.1	110
邻苯二甲酸二丁酯	1.048 0			315
N-乙烯基比咯酮	1.040 0		1.650 0	95.5

4）乳化剂

在水洗型着色液与水洗型荧光液中，表面活性剂作为乳化剂加到渗透剂内，使渗透剂容易被水洗。乳化剂应与溶剂互溶，不应影响红色染料的红色色泽，不应影响荧光染料的荧光光亮，也不应腐蚀金属。

一种表面活性剂往往达不到良好的乳化效果，常常需要选择两种以上的表面活性剂组合使用。表面活性剂及乳化剂已在第 2 章已作了较为详细的介绍，此处不再赘述。

4.1.2 渗透剂的性能

1.渗透剂的综合性能

(1)渗透能力强,容易渗入工件的表面缺陷。

(2)荧光液具有鲜明的荧光,着色液具有鲜艳的色泽。

(3)清洗性好,容易从工件表面清洗掉。

(4)润湿显像剂的性能好,容易从缺陷中被吸附到显像剂表面,从而将缺陷显示出来。

(5)无腐蚀,对工件和设备无伤害。

(6)稳定性好,在光与热作用下,材料成分和荧光亮度或色泽能维持较长时间。

(7)毒性小,尽可能不污染环境。

其他:检查钛合金与奥氏体钢材料时,要求渗透剂低氯低氟;检查镍合金材料时,要求渗透剂低硫;检查与氧、液氧接触的工件时,要求渗透剂与氧不发生反应,即具有惰性。

2.渗透剂的物理性能

1)表面张力与接触角

表面张力用表面张力系数表示。接触角则表征渗透剂对工件表面或缺陷的润湿能力。表面张力与接触角是确定渗透剂是否具有高的渗透能力的两个最主要参数。渗透剂的渗透能力用渗透剂在毛细管中上升的高度来衡量。从液体在毛细管中上升的高度的公式 $h=\frac{2\alpha\cos\theta}{r\rho g}$ 中可以看出,渗透剂渗透能力与表面张力和接触角的余弦的乘积成正比。当接触角小于或等于5°,渗透剂的表面张力取适当值时,渗透剂的渗透能力最强。

$\alpha\cos\theta$ 表征渗透剂渗入表面开口缺陷的能力,称静态渗透参量。可用下式表示:

$$SPP=\alpha\cos\theta$$

式中 SPP——静态渗透参量;

α——表面张力(一般用表面张力系数表示);

θ——接触角。

2)黏度

渗透剂的黏度与液体的流动性有关,它是流体的一种液体特性,是流体分子间存在摩擦力而互相牵制的表现。渗透剂性能用运动黏度来表示,单位为 m^2/s。

液体具有良好渗透性能时,其黏度并不影响静态渗透参量,即不影响液体渗入缺陷的能力。例如,水的黏度较低(20 ℃时 $1.004\times10^{-6}\ m^2/s$),但它不是一种好的渗透剂;煤油的黏度很高(20 ℃时$1.65\times10^{-6}\ m^2/s$),却是一种好的渗透剂。液体的黏度对动态渗透参量影响大,如黏度高的液体渗进表面开口缺陷所需的时间长。

黏度高的渗透剂由于渗进表面开口缺陷所需时间长,从被检表面上滴落时间也较长,故被拖带走的渗透剂损耗较大。后乳化型渗透剂由于拖带多而严重污染乳化剂,使乳化剂使用寿命缩短。黏度低的渗透剂则完全相反。去除受检表面多余的低黏度渗透剂时,浅而宽的缺陷中的渗透剂容易被清洗掉,而直接降低灵敏度。因此,渗透剂黏度太高或太低都不好,渗透剂的黏度一般控制在$(4\sim10)\times10^{-6}m^2/S$(38 ℃)时较为适宜。

渗透剂的渗透数率常用动态渗透参量来表征,它反映的是要求受检工件侵入渗透时间的长短。动态参量可用下式表示:

$$KPP=\frac{\alpha\cos\theta}{\eta}$$

式中 KPP——动态渗透参量；

α——表面张力(一般用表面张力系数表示)；

θ——接触角；

η——黏度。

3)密度

密度是单位体积内所含物质的质量。从液体在毛细管中上升高度的公式可以看出,液体的密度越小,上升高度越高,渗透能力越强。由于渗透剂中主要液体是煤油和其他有机溶剂,因此渗透剂的密度一般小于1。使用密度小于1的后乳化型渗透剂时,水进入渗透剂中能沉于槽底,不会对渗透剂产生污染;水洗时,也可漂在水面上,容易溢流掉。

液体的密度与温度成反比,温度越高密度越小,渗透能力也随之增强。

水洗型渗透剂被水污染后,由于乳化剂的作用,使水分散在渗透剂中,使渗透剂的密度值增大,渗透能力下降。

4)挥发性

挥发性可用液体的沸点或液体的蒸气压来表征。沸点越低,挥发性越强。易挥发的渗透剂在滴落过程中易干在工件表面上,给水洗带来困难;也容易干在缺陷中而不易回渗到工件表面,严重时会导致难于形成缺陷显示,使检测失败。另一方面,易挥发的渗透剂在敞口槽中使用时,挥发损耗大;渗透剂的挥发性越大,着火的危险性也越大,对于毒性材料,挥发性越大,所构成的安全威胁也越大。综上所述,渗透剂应以不易挥发为好。

但是,渗透剂也必须具有一定的挥发性,一般在不易挥发的渗透剂中加进一定量的挥发性液体。这样,渗透剂在工件表面滴落时,易挥发的成分挥发掉,使染料的浓度得以提高,有利于提高缺陷显示的着色强度或荧光强度;另一方面,渗透剂从缺陷中渗出时,易挥发的成分挥发掉,从而限制了渗透剂在缺陷处的扩散面积,使缺陷迹痕显示轮廓清晰;此外,渗透剂中加进易挥发的成分以后,还可以降低渗透剂的黏度,提高渗透速度。上述均有利于缺陷的检出,提高检测灵敏度。

5)闪点和燃点

可燃性液体在温度上升过程中,液面上方挥发出大量的可燃性蒸气,这些可燃性蒸气和空气混合,接触火焰时,会出现爆炸闪光现象。液体能出现闪光现象的最低温度称为闪点。燃点与闪点是两个不同的物理量,燃点是液体被加热到起火并能持续燃烧的最低温度。对同一液体而言,燃点高于闪点。闪点低,燃点也低,着火的危险性也大。液体的可燃性,一般指的就是该液体的闪点。从安全方面考虑,渗透剂的闪点愈高,则愈安全。

闪点有开口与闭口两种测量方法。开口测量是指用开杯法测出闪点,它是将可燃性液体试样盛在开口油杯中试验。闭口测量是指用闭杯法测出闪点,它是将可燃性液体试样盛在带盖的油杯中试验,盖上有一可开可闭的窗孔,加热过程中窗孔关闭,测试闪点温度时,窗孔打开。正因为如此,闭口测出的闪点偏低。对于渗透剂来说,闭口测量更为合适,因为闭口测量的重复性较好,而且测出的数值偏低,不会超出使用安全值。

对水洗型渗透剂,原则上要求闭口测量的闪点大于50 ℃;而对后乳化型渗透剂,闭口测量的闪点一般为60～70 ℃。

有些压力喷罐的渗透剂具有较低的闪点,使用时应特别注意避免接触烟火;在室内操作时,应具有良好的通风条件。

6)电导性

手工静电喷涂渗透剂时,由于喷枪提供负电荷给渗透剂,试件保持零位,故要求渗透剂具有高电阻,避免产生逆弧传给操作者。

3. 渗透剂的化学性能

1）化学惰性

渗透剂对被检材料和盛装容器应尽可能是惰性的或不腐蚀的。油基渗透剂在大部分情况下是符合这一要求的。水洗型渗透剂中乳化剂可能是微碱性的，渗透剂被水污染后，水与乳化剂结合而形成微碱性溶液并保留在渗透剂中。这时，渗透剂将腐蚀铝或镁合金的工件，还可能与盛装容器上的涂料或其他保护层起反应。

渗透剂中硫、钠等元素的存在，在高温下会对镍基合金的工件产生热腐蚀（也叫热脆）。渗透剂中的卤族元素（如氟、氯等）很容易与钛合金及奥氏体钢材料作用，在应力存在情况下，产生应力腐蚀裂纹。对于氧气管道及氧气罐、液体染料火箭或其他盛液氧的装置，渗透剂与氧及液氧不应起反应，油基或类似的渗透剂不能满足这一要求，需要使用特殊的渗透剂。用来检验橡胶塑料等工件的渗透剂也应采用特殊配制的渗透剂，保证不与工作发生反应。标准要求将硫、氯、氟含量限制在1%。

2）清洗性

渗透剂的清洗性是十分重要的，如果清洗困难，会对工件造成不良背景，影响检查效果。水洗型渗透剂（自乳化）与后乳化型渗透剂应在规定的水洗温度、压力、时间等条件下，使用粗水柱冲洗干净，达到不残留明显的荧光背景或着色底色。溶剂去除型渗透剂必须采用有机溶剂去除工件表面多余的渗透剂，要求渗透剂能被起去除作用的溶剂溶解。

3）含水量和容水量

渗透剂中水含量与渗透剂总量之比的百分数称为含水量。渗透剂出现分离、混浊、凝胶或灵敏度下降等现象时的渗透剂含水量的极限值，这一含水量的极限值称为渗透剂的容水量，它是衡量渗透剂抗水污染能力的指标。

渗透剂含水量越小越好。渗透剂的容水量指标越高，抗水污染性能越好。

4）毒性

渗透剂应是无毒的，与其接触，不得引起皮肤炎症，渗透剂挥发出来的气体，其气味不得引起操作者恶心。任何有毒的材料及有异味的材料不得用来配制渗透剂。即使这些要求都能达到，还需要通过实际观察来对渗透剂的毒性进行评定。为保证无毒，制造厂不仅应对配置渗透剂的各种材料进行毒性试验，还应对配制的渗透剂进行毒性试验。目前，所生产的大部分渗透剂是安全的，对人体健康并无严重的影响。尽管如此，操作者仍应避免长时间地接触渗透剂或吸进渗透剂的蒸气。

5）溶解性

渗透剂是将染料溶解到溶剂中而配制成的，溶剂对染料的溶解能力高，就可得到染料浓度高的渗透剂，可提高渗透剂的发光强度，提高检验灵敏度。渗透剂中的各种溶剂都应该是染料的良好溶剂，在高温或低温条件，都能使染料溶解并保持在渗透剂中，在储存或运输中不发生分离。因为一旦发生分离，要使其重新结合是相当困难的。

6）腐蚀性能

应当注意，水的污染，不仅可能使渗透剂产生凝胶、分离、云状物或凝聚现象，并且可与水洗型渗透剂中乳化剂结合而形成微碱性溶液，这种微碱性渗透剂对铝、镁合金工件会产生腐蚀。

4. 渗透剂的特殊性能——稳定性

渗透剂的稳定性是指渗透剂对光和温度的耐受能力。

荧光液对黑光的稳定性是很重要的。稳定性可用照射前的荧光亮度值与照射后的荧光亮度值的百分比表示。荧光液在1 000 $\mu W/cm^2$的黑光下照射1 h，稳定性应在85%以上。着色液在强白光照射下不应退色。

对温度的稳定性包括冷、热稳定性，即渗透剂在高温和低温下，都应保持良好的溶解度，不发生变质、分解、混浊和沉淀等现象。

综上所述，上述各项物理化学性能中，黏度、表面张力、接触角与清洗性能等影响渗透剂的灵敏度；闪点、燃点、电导性与化学惰性等涉及到操作者的安全及工件和设备的腐蚀；稳定性、挥发性属于经济指标；含水量与密度等属于材料成分的均一性试验。任何一种渗透剂，不可能具备一切优良性能，也不能只用某一项性能来评价渗透剂的优劣。

4.1.3 渗透剂的质量检查

1. 外观检查

着色液在白光下观察，颜色应是红色。荧光液在紫外线灯照射时应发黄绿色或绿色荧光。着色荧光渗透液在日光下观察，其颜色应是红色、橙色或紫色，用紫外线照射时应黄绿色、绿色或相应颜色荧光。

渗透液外观应清澈透明，色泽鲜艳，无污物等。

2. 润湿性能检查

可用脱脂棉球沾少量渗透剂涂到清洁发亮的铝板表面，并涂抹成薄层，10 min 后观察，渗透剂薄膜层不应收缩，且不应形成小泡，所有渗透剂应很容易润湿铝板表面。

3. 渗透剂的含水量和容水量的测定

水洗型渗透剂用水分测定器测量含水量。使用中含水量控制在 2% 以下。在开口槽中使用的水洗型荧光液，含水量不应高于 5% 。

含水量测量方法如下：

取 100 mL 渗透剂和 100 mL 水溶剂（如二甲苯）置于容量为 500 mL 的圆底玻璃烧杯中，摇动 5 min，使均匀混合，用电炉、酒精灯或小火焰煤气灯加热烧杯，并控制回流速度。使冷凝器的斜口每秒钟滴下 2 ~ 4 滴液体。

$$含水量=\frac{积水管中的容量(\mathrm{mL})}{100\ \mathrm{mL}}\times 100\% \tag{4-1}$$

在开口槽中使用的水洗型渗透剂，需测量容水量，测量方法如下：

取 50 mL 渗透剂置于 100 mL 的量筒中，以 0.5 mL 的增量逐次往渗透剂中加水，每次加水后，用塞子塞住量筒，颠倒几次并观察渗透剂是否有混浊、凝胶、分层等现象检查灵敏度是否下降。记录逐次加进水的含量，当出现混浊、凝胶或检验灵敏度下降现象时为止。

$$容水量=\frac{加入水中量(\mathrm{mL})}{50\ \mathrm{mL}+加入水总量(\mathrm{mL})}\times 100\% \tag{4-2}$$

允许容水量不应低于 5% 。

4. 腐蚀性检验

1）中温腐蚀性检验

用镁合金 MB-2、ZM-5，铝合金 LC-4、铬钼结构钢 30CrMoA 按 100 mm × 10 mm × 4 mm 的规格加工成试样，放入渗透剂中。试样一半浸入液体，一半留在液面之上，将渗透剂置于（50 ± 1）℃的恒温水槽中。3 h 后，将试样从渗透剂中取出。水洗型渗透剂直接用水冲洗、干燥。最后目视观察试样两面，不应有失光、变色和腐蚀现象。

2）钛合金热盐应力腐蚀性检验

用钛合金退火状态 TC-4 按图 4-2 所示的规格加工成试样，材料流线方向应平行于长度方向。

试样表面要用粒度为180号的砂纸作精细的研磨，再依次用无水乙醇及乙醚洗涤，然后放在滤纸上晾干。此后，试样表面绝对不许用手接触。试样应在半径为7 mm的芯棒上弯成一个(65 ±5)°的过渡角，如图4-3所示。

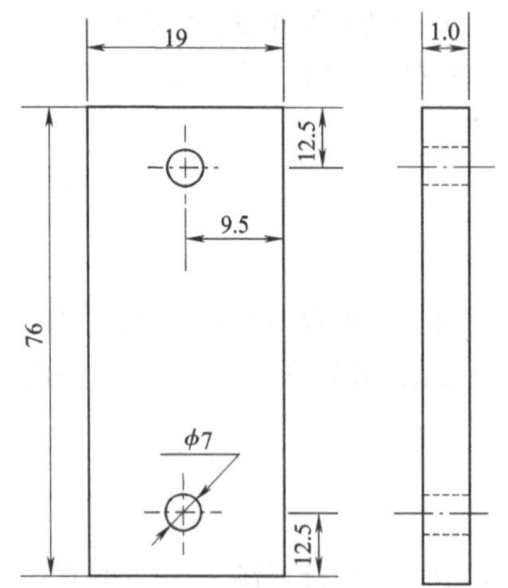

图4-2　钛合金腐蚀试验试样规格(单位:mm)

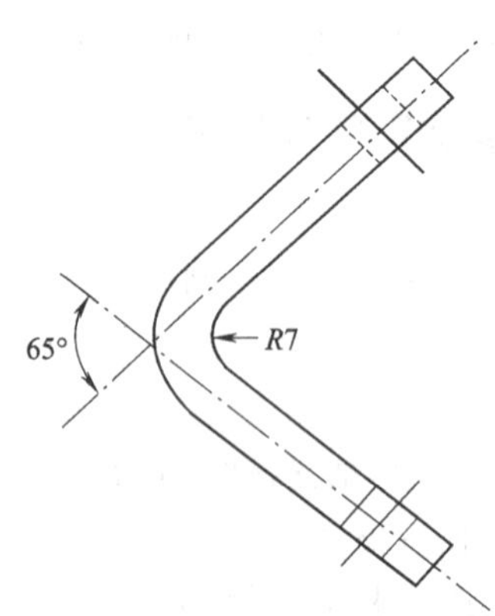

图4-3　钛合金腐蚀试验试样弯曲示意

对每种被检渗透剂应使用4个试样，加应力前试样应用溶剂擦拭，并在40%的HNO_3、3.5%的HF的混合水溶液中轻度浸蚀。然后，用直径6 mm的螺栓按图4-4所示给试样施加应力。一块试样用3.5%的NaCl溶液浸涂，一块试样不涂，剩下的两块用被检渗透剂浸涂，浸涂时应将加应力的试样放在(538 ±4)℃的烘箱内4.5 h。

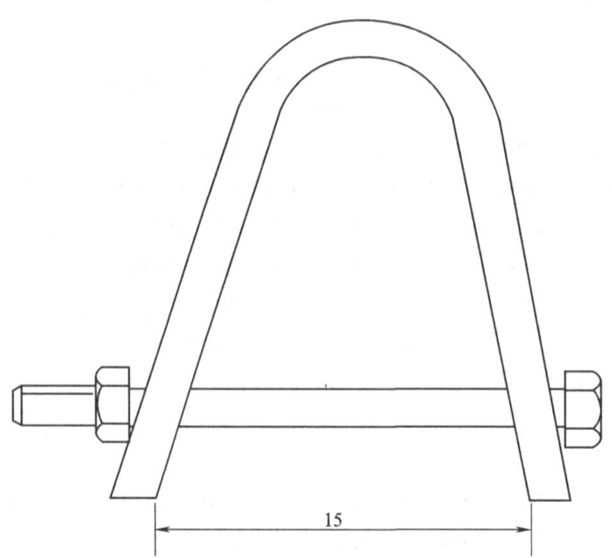

图4-4　钛合金腐蚀试验试样受力示意(单位:mm)

结果解释如下：

(1)在加应力的情况下，观察试样是否有明显的裂纹。

(2)当用3.5%的NaCl溶液浸涂的试样没有明显的裂纹时,取下螺栓,在(138±4)℃温度下50%的NaOH溶液中浸泡30 min,随后冲洗涂层表面,在40%的HNO_3、3.5%的HF溶液中腐蚀试样3~4 min,用10倍放大镜观察腐蚀面。

(3)对仍在夹具中的试样的看得见的部分进行观察,如果没有观察到裂纹,则应用类似(2)的方法清洗、腐蚀和检查,看是否符合要求。

(4)如果NaCl溶液浸涂的试样没有起凹坑或裂纹,或如果没有浸涂的试样有凹坑或裂纹,则试验是无效的,须重做。

(5)对用渗透剂浸涂的试样,用10倍放大镜目视检查,试样应无明显凹坑、腐蚀、裂纹或表面变色情况。

3)高温腐蚀性检查

用于本试验的材料应是高温铸造合金(如镍钴合金),试样尺寸为12 mm×12 mm×2.5(>2.5)mm。试样表面用600#粒度的砂纸打磨以得到光滑均匀的光洁面。两块试样浸涂被检渗透剂,另外两块则不浸涂被检渗透剂。将试样放入烘箱,在(1 010±28)℃的条件下保温(100±5)h。从烘箱中取出试样并将其冷却至室温。截取、镶嵌和抛光每一试样断面,用200倍的显微镜观察断面的晶间腐蚀和氧化迹象,并把浸涂有被检渗透剂和未浸涂有被检渗透剂的试样进行比较,浸涂有被检渗透剂的试样,不应有更多的腐蚀、氧化痕迹。

5. 可去除性检查

用吹砂钢试片进行试验。将渗透剂涂于试片表面,或将试片浸于渗透剂中,时间15 min,然后用压力约0.4 MPa的水冲洗,冲洗角45°,水洗时间30 s,再用热风干燥,在白光或紫外线下观察是否有余色或余光。也可与标准渗透剂和标准去除方法处理的试板相比较,看是否符合要求。如果是后乳化渗透剂,先用水预洗5 s,然后用乳化剂乳化5 s,再用水压约0.4 MPa的水冲洗30 s,热风干燥后在白光或紫外线下观察。也可用上述比较法比较。

溶剂去除型渗透剂的去除性校验可参照上述方法进行,但须用溶剂去除。

6. 渗透剂亮度的比较试验

粗略的测定方法:用两根玻璃试管,一根装上标准渗透剂,另一根装上被检验的渗透剂,密封静置4 h以上,在白光或紫外线下比较颜色的鲜明程度或荧光亮度,并观察渗透剂是否有分层、沉淀现象。

一般渗透检测方法标准中规定了标准对比渗透剂的制备方法是:在每批新的渗透剂和乳化剂中称取500 mL,分别装在密闭的玻璃容器内,注明材料批号标志,避免阳光的照射,防止温度的影响,以此作为标准对比渗透剂。

荧光亮度的比较测定可用紫外线照度计,测定方法如下。

取两张干净滤纸,分别用标准荧光液和待测量的荧光液浸湿并烘干。在紫外线下比较,如两者发光强度无明显差别,则说明待测量的荧光液发光强度合格。若有明显差别,再做进一步比较试验,具体步骤如下:

(1)先用二氯甲烷分别将标准荧光液和待测量的荧光液稀释到10%的浓度。

(2)用两张80 mm×80 mm的滤纸分别在以上两种稀释液中浸湿,并在85 ℃以下的烘干装置中烘干。

(3)将紫外线照度计置于紫外线下,移动照度计得最大值,再调节紫外线灯高度使照度计读数为250 lx。

(4)取出紫外线照度中的荧光板,换上浸过荧光液的滤板,分别记下两张滤纸的读数。

(5)两者读数之差除以浸标准荧光液的滤纸读数的百分数,应不大于25%。大于25%时,说明待测荧光液不合格。

着色液的色泽与着色染料性质和所溶解的染料量有关。颜色越深,着色液对比的吸收能力越强。着色液色泽可用测定消光值的方法来衡量。测定时选择一种液体作为标准液,进行光电比色,读取各种着色液的比色值,即消光值。

7. 灵敏度黑点试验

渗透剂的灵敏度试验用A型试块或C型试块进行。试块的一半用标准渗透剂,另一半用待测量的渗透剂,进行比较。荧光液还可用黑点试验法测定灵敏度。

黑点试验又叫新月试验,这种方法是测量荧光液扩展成多厚的薄膜时,在一定强度的黑光照射下,具有最大发光亮度的一种方法,这一厚度就是临界厚度。由于临界厚度以上的荧光亮度与临界厚度的荧光亮度相同,故常用临界厚度来表示荧光液在黑光辐射下的发光强度。临界厚度愈小,发光强度就愈大。

黑点试验方法如下:

在一块平板(如玻璃板)上滴几滴荧光液,将一块曲率半径为1.06 m的平凸透镜的凸面压在荧光液上,这时透镜与平板之间的荧光液呈薄膜状,如图4-5所示。透镜与平板相接触的一点,荧光液的厚度为零。接触点附近的荧光液形成薄膜,离中心愈近,薄膜愈薄。

在紫外线的照射下,临界厚度以上的薄膜能发出最大的荧光亮度。而在接触点处及临界厚度以下的极薄层荧光液不能发出荧光,而形成黑点。黑点愈小,说明临界厚度愈小。临界厚度用下式求得:

$$T=\frac{r^2}{2R}=\frac{d^2}{8R} \tag{4-3}$$

式中 T——临界厚度,mm;

r——黑点半径,mm;

d——黑点直径,mm;

R——透镜曲率半径,mm。

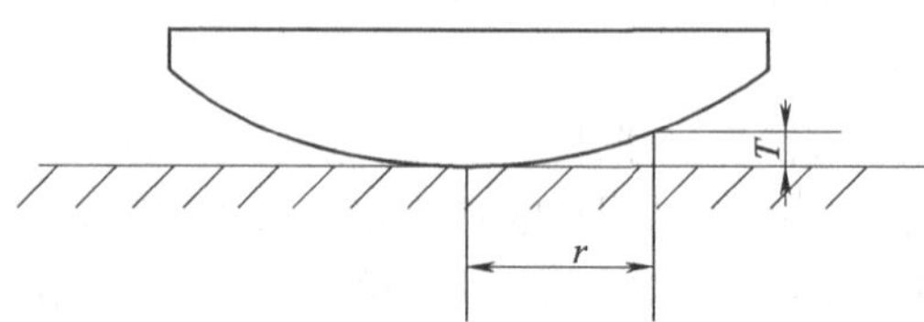

图4-5 黑点试验示意

由式(4-3)可知,黑点直径愈小,临界厚度愈小,即荧光液的发光强度愈高。超亮的荧光液,其黑点直径可在1 mm以下,只有针尖那么大。

临界厚度愈小,说明荧光液扩展成薄膜时,在紫外线下被观察到的可能性愈大。从这个意义上讲,也可说该荧光液的灵敏度高。因此,常用临界厚度或黑点直径来作为荧光液灵敏度的衡量尺度。黑点愈小,灵敏度愈高。

8. 荧光液的黑光稳定性试验

黑光稳定性试验可在荧光液亮度比较试验后进行,用同样的试样和仪器。将10张滤纸浸入到制备好的用于测试的荧光液中,取出干燥5 min后,把其中5张滤纸试样悬挂在无强光、强热和强大空气流的地方;其余5张滤纸试样应暴露在稳定均匀的(在所有5张试样滤纸上)800 $\mu W/cm^2$的黑光下1 h。曝光后,根据适用条件,按荧光亮度比较试验规定的方法测试。暴露于黑光下的滤纸试样平均荧光亮度与未暴露于黑光下的滤纸试样平均荧光亮度相比较,最低合格值分别为:低灵敏度荧光液50%;中灵敏度荧光液50%;高及超高灵敏度荧光液70%。也可用A型试块进行试验,即按常规操作方法将荧光液施加在试块相邻两面,试块的一面在黑光下照射1 h,另一面用滤纸挡住,然后测定两面荧光亮度。

9. 渗透剂的热稳定性试验

渗透剂的热稳定性试验可在渗透剂亮度的比较试验后采用同样的试样和仪器进行。

将10张滤纸浸入到制备好的用于测试的渗透剂中,取出干燥5 min后,将其中5张滤纸试样悬挂在无强光、强热和强大空气流的地方;其他的5张滤纸试样放置于干净的金属板上,装入调到(121±2)℃空气静止的烘箱内1 h。然后,按渗透剂亮度比较试验规定的方法,交替测试5个装箱和5个未装箱试样的渗透剂的亮度。对于装箱试样,应在金属板未接触的一面测定。暴露于高温下的滤纸试样的平均渗透剂亮度与未暴露于高温下的滤纸试样的平均渗透剂亮度相比较,最低合格值分别为:低及中灵敏度渗透剂60%;高及超高灵敏度渗透剂80%。

10. 渗透剂的温度稳定性试验

温度稳定性试验是将不少于1 L的被检渗透剂材料装在密封玻璃瓶内进行两次完整周期的温度变化,每一周期指的是将试样从室温冷却到−18 ℃,然后加温到66 ℃,接着再冷却至室温。让试样在每一温度极值上保持至少8 h。在温度循环完成后,让试样回到室温,然后用目视检验,渗透剂不应显示离析现象。

此外,水洗型渗透剂在经受该试验并回到室温时,容水量不应低于5%。也就是说,在该水洗型渗透剂中加入5%的水,按照渗透剂容水量的试验方法试验,渗透剂不能产生凝胶、离析、混浊、凝聚或在渗透剂面上形成分层。

11. 槽液寿命试验

取50 mL被检渗透剂装入直径150 mm的耐热烧杯中,然后放入对流烘箱内,在(50±3)℃的温度下保温7 h,到时间后取出试样并让其冷却到室温,目视检查试样,不应显示有离析、沉淀或形成泡沫。

12. 渗透剂的储藏稳定性试验

在16~38 ℃的温度范围内,未使用过的密封装满的渗透剂,在仓库条件下存放一年,性能应满足各项技术指标。

13. 渗透剂的黏度测定

渗透剂的黏度应在(38±3)℃时,按照GB/T 265—1988《石油产品运动粘度测定法和动力粘度计算法》的规定进行测定,要求其黏度不超过标称值的±10%。

14. 渗透剂的闪点测定

将在敞口的槽子或容器里使用的渗透剂,按GB/T 261—2008《闪点的测定　宾斯基-马丁闭口杯法》的规定进行测定。一般要求,水洗型渗透剂闭口闪点应大于50 ℃;后乳化型渗透剂闭口闪点应为60~70 ℃。

15. 持续停留时间试验

渗透剂在(20±5)℃温度条件下停留4 h后,进行可去除性检查应合格。

4.1.4　着色渗透剂

1. 水洗型着色液

水洗型着色液有两种,一种是水基的,一种是油基(自乳化型)的。

水基着色液以水作溶剂,在水内溶解红色染料。由于水无色无臭,无味无毒和不可燃,且来源方便,因而具有使用安全,不污染环境,价格低廉等优点。有些同油类接触容易引起爆炸的部件,如盛放液态氧的容器,进行着色检测时应采用水基着色液。目前,这类着色液的灵敏度还不能令人满意,应用时还有很大的局限性,典型配方见表4-2。

表 4-2　水基着色液的典型配方

成　分	比　例	作　用
水	100%	溶剂、渗透剂
表面活性剂	2.4 g/100 mL	加速渗透
氢氧化钾	0.4～0.8 g/100 mL	中和剂
刚果红	2.4 g/100 mL	染料

注:染料刚果红可溶于热水,且具有酸性,故用氢氧化钾中和。

油基自乳化型着色液的基本成分是在高渗透性油基溶剂中溶解有溶油性的红色染料,同时在着色液中加有乳化剂。由于着色液中加入了乳化剂,故渗透性能受影响,检测灵敏度有所降低。着色液有一定的亲水性,容易吸收水分(包括空气中的水分)。当吸收的水分达到一定数量时,着色液就会产生混浊、沉淀等被水污染的现象。为提高油基自乳化型着色液的抗水污染能力,可适当增加亲油性乳化剂含量,降低着色液的亲水性。这类着色液应避免水分浸入油基自乳化型着色液中,以免因黏度增大,渗透性能降低而使检测灵敏度下降。油基自乳化型着色液的典型配方见表 4-3。

表 4-3　油基自乳化型着色液的典型配方

成　分	比　例	作　用
油基红	1.2 g/100 mL	染料
二甲基萘	15%	溶剂
α-甲基萘	20%	溶剂
200#溶剂汽油	52%	渗透剂
萘	1 g/100 mL	助溶剂
吐温-60	5%	乳化剂
三乙醇胺油酸皂	8%	乳化剂

注:吐温-60 为亲水性较强的乳化剂,能产生凝胶现象;汽油及二甲基萘有增加凝胶现象的作用。

2. 后乳化型着色液

后乳化型着色液的基本成分是高渗透性油基溶剂和有机溶剂内溶解有溶油性的红色染料,但不含乳化剂。该类着色液的特点是渗透力强,检测灵敏度高,因而在实际检测中应用较广,特别适用于检查浅而宽的表面缺陷,但不适于检查表面粗糙或有盲孔和螺纹的工件。后乳化着色液的典型配方见表 4-4。

表 4-4　后乳化着色液的典型配方

成　分	比　例	作　用
苏丹Ⅳ	0.8 g/100 mL	染料
乙酸乙酯	5%	渗透剂
航空煤油	60%	溶剂、渗透剂
松节油	5%	溶剂、渗透剂
变压器油	20%	增光剂
丁酸丁酯	10%	助溶剂

3. 溶剂去除型着色液

溶剂去除型着色液的基本成分与后乳化型着色液相类似。就某些实际配方来说，两种去除方式都能适用。溶剂去除时所用去除剂大都是丙酮。该类着色液多装在压力喷罐中使用，故闪点和挥发性的要求不像在开口槽中使用的渗透剂那样严格。该类着色液与溶剂悬浮式湿显像配合使用，可得到与荧光检验法相似的灵敏度。溶剂去除型着色液的典型配方见表 4-5。

表 4-5 溶剂去除型着色液的典型配方

成　分	比　例	作　用
苏丹Ⅳ	1 g/100 mL	染料
萘	20%	溶剂
煤油	80%	渗透剂

着色渗透剂灵敏度较低，不能用于检测临界疲劳裂纹、应力腐蚀裂纹或晶间腐蚀裂纹。实验证明，着色渗透剂能渗透到细微裂纹中去，但是要形成用荧光渗透剂能得到的显示，就需要容积比之大得多的着色渗透剂才行。

4.1.5 荧光渗透剂

1. 水洗型荧光液

水洗型荧光液由油基渗透溶剂、互溶剂、荧光染料、乳化剂等组成。由于荧光液中含有乳化剂，故又称“予乳化型”“自乳化型”荧光液。

荧光液中乳化剂含量越高，越容易清洗，但检验灵敏度越低。渗透剂中荧光染料浓度越高，荧光亮度越高，但价格也越高，低温下染料析出的可能性更大，去除也更困难。

水洗型荧光液中的乳化剂，除使荧光液便于去除外，尚可促使染料溶解，起增溶作用。

水洗型荧光液分如下三种灵敏度：

(1)低灵敏度水洗型荧光液。该类荧光液易于从粗糙表面上去除，主要用于轻合金铸件的检验。典型牌号有：ZA-1、OD-2800N、ARDRX970P4、ZYGLO ZL-15 等。

(2)中灵敏度水洗型荧光液。该类荧光液较难从粗糙表面上去除，主要用于精密铸钢件、精密铸铝件、焊接件、轻合金铸件及机加工表面的检验。典型牌号有：ZB-1，ARDROX970P10，OD-2800-Ⅰ、Ⅱ，ZYGLOZL-17B 等。

(3)高灵敏度水洗型荧光液。该类荧光液难于从粗糙表面上去除，故要求有良好的机加工表面，主要用于精密铸造涡轮叶片之类的关键工件的检验。典型牌号有：ARDROX970P17、OD-2800-Ⅲ、ZYGLO ZL-54 等。

水洗型荧光液的配方很复杂，各种类型、各种牌号的荧光液配方各不相同。水洗型荧光液的典型配方见表 4-6。

表 4-6 水洗型荧光液的典型配方

成　分	比　例	作　用
灯用煤油或 5#机械油	31%	渗透剂
邻苯二甲酸二丁酯	19%	互溶剂
乙二醇单丁醚	12.5%	稳定剂
MOA-3	12.5%	乳化剂

续表

成　分	比　例	作　用
TX-10	25%	乳化剂
YJP15	4 g/L	荧光染料
PEB	11 g/L	荧光增白剂

2. 后乳化型荧光液

后乳化型荧光液由油基渗透溶剂、互溶剂、荧光染料、润湿剂组成。互溶剂的比例比水洗型荧光液高，目的在于溶解更多的染料。润湿剂能增大荧光液与固体表面的润湿作用，不起乳化作用。缺陷中的荧光液，不易被去除。水进入荧光液槽中能沉到底部，故抗水污染能力强，也不易受酸或铬酸的影响。

后乳化型荧光液按其在紫外线灯下发光的强度分为标准灵敏度、高灵敏度、超高灵敏度三种。

标准灵敏度后乳化型荧光液，应用于各种变形材料的机加工工件，典型牌号有 HA-1、ARDROX985P1、ZYGLOZL-2B、OD-1700A 等。

高灵敏度后乳化型荧光液，应用于检验灵敏度要求高的变形材料的机加工工件，典型牌号有 HB-1、ARDROX985P2、ZYGLOZL-22B、OD-6000、OD-7000 等。

超高灵敏度后乳化型荧光液，仅在特殊情况下使用，如航空发动机上的涡轮盘、轴等关键工件成品的检验。典型牌号有 ARDROX985P3 等。

后乳化型荧光液的典型配方见表 4-7。

表 4-7　后乳化型荧光液的典型配方

成　分	比　例	作　用
灯用煤油或 5#机械油	25%	渗透剂
邻苯二甲酸二丁酯	65%	互溶剂
LPE305	10%	润湿剂
PEB	20 g/L	增白剂
YJP15	4.5 g/L	荧光染料

3. 溶剂去除型荧光液

溶剂去除型荧光液与后乳化型荧光液的基本成分类似，其典型配方见表 4-8。

表 4-8　溶剂去除型荧光液的典型配方

成　分	比　例	作　用
YJP-1	0.25 g/100 mL	荧光染料
煤油	35%	溶剂、渗透剂
航空煤油	15%	增光剂

4.1.6　水洗型着色荧光渗透剂的着色荧光渗透剂

水洗型着色荧光渗透剂的两个配方见表 4-9。

表 4-9 水洗型着色荧光渗透剂配方

成分	比例		作用
	配方Ⅰ	配方Ⅱ	
罗丹明 B	50 g/L	50 g/L	荧光着色染料
乙醇	65%	65%	溶剂
乙二醇	34%	10%	附加剂
火棉胶(5%)	1%	25%	保护剂
浓乳(100#)	—	25%	乳化剂

罗丹明 B 是醇溶性生物染色制剂,系荧光着色染料,紫红色粉末,极易溶于乙醇和水中,稀释溶液在黑光下可呈现出强烈的金红色荧光,在日光下呈红色。

乙醇是主溶剂,乙二醇是附加剂,闪点高(118 ℃),挥发速度较低,可改善乙醇易挥发、低闪点、渗透能力弱的不足。

渗透剂中加入少量火棉胶液,可防止“过洗”现象,起保护作用。

浓乳(100#)是一种乳化剂,可提高渗透剂的“自乳化”性能,使配方Ⅱ着色荧光渗透剂适用于检查粗糙表面的工件。

4.2 去除剂与乳化剂

4.2.1 去除剂与乳化剂的分类、组分及特点

1. 去除剂

渗透检测中,用来去除工件表面多余渗透剂的溶剂叫去除剂。

水洗型渗透剂,直接用水去除,水就是一种去除剂。

溶剂去除型渗透剂采用有机溶剂去除,这种去除剂应对渗透剂中的染料(红色染料、荧光染料)有较大的溶解度,对渗透剂中溶解染料的溶剂有良好的互溶性,并有一定的挥发性,应不与荧光液起化学反应,应不熄灭荧光。通常采用的去除剂有煤油、乙醇、丙酮、酒精、三氯乙烯等。

后乳化型渗透剂是在乳化后再用水去除,它的去除剂就是乳化剂和水。

2. 乳化剂

乳化剂以表面活性剂为主体,为调节黏度,调整与渗透剂的配比性,降低材料费用等,还应添加其他溶剂。

渗透检测中常用的某些乳化剂(表面活性剂)的主要成分及 H. L. B 值见 2.5.3 节表 2-4。

乳化剂分为亲水性及亲油性两大类。H. L. B 值在 8 ~ 18 的乳化剂称为亲水性,乳化型式是水包油型,它能将油分散在水中;H. L. B 值在 3.5 ~ 6 的乳化剂称为亲油性,乳化型式是油包水型,它能将水分散在油中。

选择乳化剂时,除应考虑 H. L. B 值外,还应考虑后乳化型渗透剂的具体情况。后乳化型渗透剂与乳化剂的亲油基化学结构相似时,乳化效果好。同时,由于乳化的目的是要将渗透剂去除掉,故乳化剂还应具备良好的洗涤作用。H. L. B 值在 11 ~ 15 范围内的乳化剂,既有乳化作用又有洗涤作用,是比较理想的去除剂。

1）亲水性乳化剂

亲水性乳化剂的黏度一般比较高，通常都是用水稀释后再使用。稀释后的乳化剂，若浓度越高，乳化能力越强，乳化速度较快，因而乳化时间较难控制；而且拖带损耗大。稀释后的乳化剂，若浓度太低，则乳化能力太弱，乳化速度较慢，从而需要较长乳化时间，使得乳化剂有足够时间渗入表面开口缺陷中去，缺陷中的渗透剂也容易用水洗掉，最终达不到后乳化渗透检测应有的高灵敏度。因此，应根据被检工件的大小、数量、表面光洁度等情况，通过试验来选择最佳浓度，或按乳化剂制造厂推荐的浓度使用。通常乳化剂制造厂推荐的浓度为5%~20%。

亲水性乳化剂作用过程如图4-6所示。

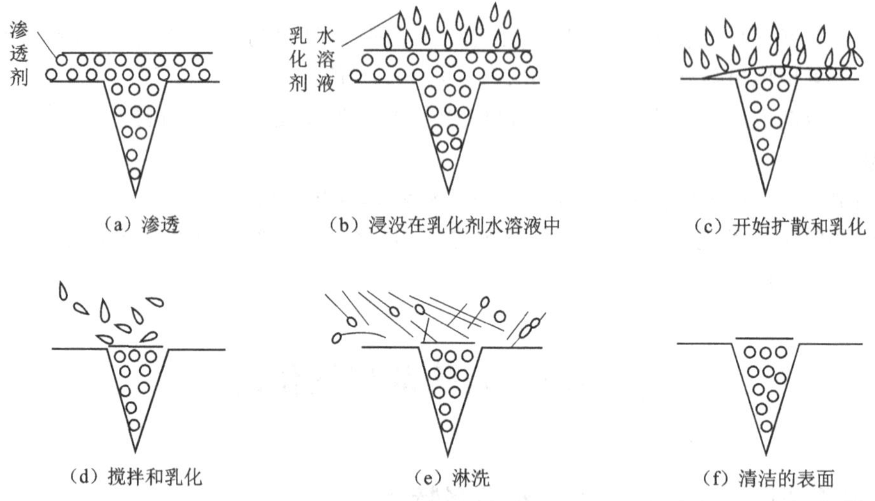

图4-6　亲水性乳化剂作用过程

2）亲油性乳化剂

亲油性乳化剂不加水使用，若乳化剂黏度大，扩散到渗透剂中的速度就慢，容易控制乳化，但拖带损耗大；若乳化剂黏度低，扩散到渗透剂中的速度就快，乳化速度快，需注意控制乳化时间。

亲油性乳化剂应能与后乳化型渗透剂产生足够的相互作用，使工件表面多余的渗透剂能被去除。

亲油性乳化剂对水及对渗透剂的容许量也是乳化剂的基本要求。亲油性乳化剂应允许添加5%的水，应允许混入20%的渗透剂，而仍然像新的乳化剂一样，能够有效地被水清洗掉，达到所要求的渗透检测灵敏度。

4.2.2　乳化剂的性能

1. 乳化剂的综合性能

对乳化剂的基本要求是能够很容易地乳化并去除表面多余的后乳化型渗透剂，因此要求乳化剂具备如下性能。

（1）外观（色泽、荧光颜色）上能与渗透剂明显地区别开。

（2）受少量水或渗透剂的污染时，不降低乳化去除性能。表面活性与黏度或浓度适中，使乳化时间合理，乳化操作不困难。

（3）储存保管时，温度稳定性好，性能不变。

(4)不使金属及盛装容器腐蚀变色。

(5)对操作者的健康无害,无毒,无不良气味。

(6)闪点高,挥发性低,废液及去除污水的处理简便等。

2. 乳化剂的物理性能

1)黏度

乳化剂的黏度对渗透剂的乳化时间有直接影响。高黏度的乳化剂在渗透剂中扩散较慢,这样可以更精确地控制乳化程度。低黏度的乳化剂在渗透剂中扩散较快,控制就困难些。黏度也是一个值得从经济上给予考虑的问题,在可控性和经济性之间,可取的折中办法是将乳化剂的最短乳化时间控制在 30 s 内,黏度值是由制造厂来加以控制的,但误差变化应保持在 ±10% 的范围内。

2)闪点

从安全出发,必须考虑乳化剂的闪点。所有乳化剂的材料,其闪点都不应低于 50 ℃。

3)挥发性

对于乳化剂的挥发性,主要考虑的问题是使用的经济性。在敞开槽中使用时,乳化剂的挥发性应当低,以免由于挥发引起过量的损失,并在乳化槽附近产生过量的挥发性气体污染。

3. 乳化剂的化学性能

1)毒性

乳化剂中所用材料必须是无毒的,不能对人体产生诸如恶心或引起皮肤炎症等不良副作用。

2)容水性

乳化剂要受水的污染,特别在敞开槽中使用时更是如此。按体积计,乳化剂应能容许混入 5% 的水,而无凝胶、分离、凝聚或水浮在表面上等现象产生,且须满足同族组渗透检测灵敏度的要求。

3)与渗透剂的相容性

某些渗透剂会不可避免地混入到乳化剂中。受渗透剂的过度污染后,乳化剂会减弱其对渗透剂的乳化能力。按体积计,乳化剂应能容许混入 20% 的渗透剂而不变质。减少乳化剂受渗透剂污染的方法是:增加渗透剂的滴落时间;加强滴落后乳化前的预水洗,减少进入乳化剂的渗透剂。

4.2.3 乳化剂的质量检查

1. 外观检查

着色渗透检测剂系列的乳化剂和荧光渗透检测剂系列的乳化剂,与相应的着色液和荧光液,两者的颜色应有明显的差别。

2. 乳化性能检查

取两块吹砂钢试片先浸入适当的后乳化渗透剂中,垂直悬挂滴落 3 min 后,用冷水以相同的清洗条件清洗掉多余的渗透剂。然后,将其中一个试片浸入测量的乳化剂中,另一个浸入标准乳化剂中,时间为 30 s,取出后垂直滴落 3 min,再用冷水以相同的条件清洗,并用压缩空气吹干;在紫外线或日光下观察荧光背景或着色背景。如果相差悬殊,则应更换乳化剂。测量的乳化剂可以是使用中的乳化剂,也可以是新购置的乳化剂。

3. 亲油性乳化剂的允许含水量检查

在亲油性乳化剂中加入 5% 的水,搅拌均匀后观察乳化剂,不应产生凝胶、离析、混浊或形成分层。加入 5% 的水乳化剂,当其与相应的渗透剂配用时,渗透剂不应产生凝胶、离析、混浊、凝聚或在渗透剂面上形成分层,同时,该渗透剂的去除性能应符合要求。

1)亲水型乳化剂的容水量测定

浓缩的亲水型乳化剂的容水量测定方法可按 4.1.3 节所述方法进行。允许容水量不应低于 5% 。

2)温度稳定性检查

亲油型乳化剂和浓缩的亲水型乳化剂,其温度稳定性检查方法按4.1.3节所述方法进行。乳化剂的组分不得离析。

3)亲油型乳化剂的槽液寿命检查

检查方法见4.1.3节质量检查第9条所述方法进行。不应出现离析、沉淀或泡沫。

4)亲水型乳化剂的浓度

亲水型乳化剂在进行各项试验检查时,应根据制造厂推荐的方法进行稀释。

4.2.4 溶剂去除剂的性能与质量检查

溶剂去除剂与溶剂去除型着色液或溶剂去除型荧光液混合使用。性能要求是:溶解渗透剂适度;去除时挥发适度;贮存保管时稳定;不使金属腐蚀变色;无不良气味;毒性小等。一般多使用丙酮、乙醇、汽油或三氯乙烯等多组分有机溶剂。

溶剂去除剂的质量检查主要是外观检查、去除性能检查及贮存稳定性检查等。

外观检查:溶剂去除剂应是无色透明的油状液体,不含沉淀物。

去除性能检查:取两块吹砂钢试片。在每块试片上各倒大约5 mL溶剂去除型渗透剂(着色液或荧光液),渗透剂应倒在试片中心位置,并使其在试片上流淌均匀,然后以大约60°的角度滴落10 min。用清洁的不起毛的抹布擦去多余的渗透剂,然后用分别沾有标准溶剂去除剂与受检溶剂去除剂的清洁的不起毛的抹布,分别擦拭两块涂有渗透剂的吹砂钢试片。在黑光或白光下观察荧光背景或着色背景,与标准溶剂去除剂相比,不应遗留更多残余渗透剂,也不应在试片上留下油状残余物。如果相差悬殊,则说明受检溶剂去除剂不合格。

贮存稳定性检查:在15~38 ℃下储存一年以后,进行去除性能检查,性能不应降低。

4.3 显　像　剂

4.3.1 显像剂的种类、组分及特点

显像剂分为干式显像剂与湿式显像剂两大类。干式显像剂实际就是微细白色粉末。湿式显像剂有水悬浮湿式显像剂(白色显像剂粉末悬浮于水中)、水溶性湿式显像剂(白色显像剂粉末溶解于水中)、溶剂悬浮湿式显像剂(白色显像剂粉末悬浮于有机溶剂中)及塑料薄膜显像剂(白色显像剂粉末悬浮于树脂清漆中)等几类,也有将塑料薄膜显像剂单独列为一类的。

1. 干式显像剂——干粉显像剂

干粉显像剂为白色无机物粉末,如氧化镁、碳酸钠、氧化锌、氧化钛粉末等,适用于螺纹及粗糙表面工件的荧光检验。干粉显像剂一般与荧光液配合使用。

干粉显像剂应有较好的吸水吸油性能,容易被缺陷处微量的渗透剂润湿,能把微量的渗透剂吸附出。

干粉显像剂应吸附在干燥工件表面上,并仅形成一薄层显像剂粉膜。

干粉显像剂在黑光下不应发荧光,不应腐蚀工件和存放容器,且无毒。

2. 湿式显像剂

1)水悬浮湿式显像剂

水悬浮湿式显像剂是干粉显像剂按一定比例加入水中配制而成的。一般是1 L水中加进30~

100 g 的显像剂粉末。显像剂粉末不宜太多,也不宜太少,太多会造成显像剂薄膜太厚,遮盖显示;太少将不能形成均匀的显像剂薄膜。

显像剂中加有润湿剂,目的是改善与工件表面的润湿性,保证在工件表面形成均匀的薄膜;加有分散剂,目的是防止沉淀和结块;加有限制剂,目的是防止显像剂对工件和存放容器的腐蚀。

水悬浮湿式显像剂一般呈弱碱性,它对钢工件一般不腐蚀,但长时间残留在铝镁工件上,会使其产生腐蚀麻点。

该类显像剂不适用于水洗型渗透检测体系中,要求工件表面有较高的光洁度。

2)水溶性湿式显像剂

水溶性湿式显像剂是将显像剂结晶粉末溶解在水中而制成的,它克服了水悬浮湿式显像剂易沉淀、不均匀和可能结块的缺点;还具有清洗方便、不可燃、使用安全等优点。但显像剂结晶粉末多为无机盐类,白色背景不如水悬浮湿式显像剂;另外,该类显像剂也不适用于水洗型渗透检测体系中,同时要求工件表面有较高的光洁度。

水溶性湿式显像剂也加有润湿剂、分散剂、防锈剂及限制剂等。

3)溶剂悬浮湿式显像剂

溶剂悬浮湿式显像剂是将显像剂结晶粉末加在挥发性的有机溶剂中配制而成的。常用有机溶剂有丙酮、苯及二甲苯等。该类显像剂中也加有限制剂及稀释剂等。常用的限制剂有火棉胶、醋酸纤维素、过氯乙烯树脂等;稀释剂是用于调整显像剂的黏度,并溶解限制剂的。

该类显像剂通常装在喷罐中使用,而且与着色渗透剂配合使用。

就显像方法而论,该类显像剂灵敏度较高,因为显像剂中有机溶剂有较强的渗透能力,能渗入到缺陷中去,且在挥发过程中把缺陷中渗透剂带回到工件表面。另外,有机溶剂挥发快,缺陷显示扩散小,显示轮廓清晰,分辨率高。

由于着色检测显像需要足够厚但又不至于掩盖显示的均匀覆盖层,以提供白色的对比背景,因此用于着色检测的显像剂粉末应是白色微粒。荧光检测时,由于在黑光灯下不可能看见有多少显像剂已涂附在试件上,因此显像剂粉末可以是无色透明微粒,不用施加溶剂悬浮显像剂,而只用干粉显像剂。

该类显像剂的典型配方见表 4-10。

表 4-10 溶剂悬浮湿式显像剂的典型配方

成　分	比　例	作　用
二氧化钛	50 g/L	显像粉末
丙酮	40%	溶剂
火棉胶	45%	限制剂
乙醇	15%	稀释剂

4)塑料薄膜显像剂

塑料薄膜显像剂主要由显像剂粉末和透明清漆(或者胶状树脂分散体)组成,可剥下作永久记录。

4.3.2 显像剂的性能

显像剂的作用是将缺陷中的渗透剂吸附到工件表面,并加以放大,显像是渗透检测中一个重要环节。

1. 显像剂的综合性能

(1)吸湿能力强,吸湿速度快,能很容易被缺陷处的渗透剂所润湿并吸出足量渗透剂。

(2)显像剂粉末颗粒细微,对工件表面有一定的黏附力,能在表面形成均匀的薄覆盖层,将缺陷显示的宽度扩展到肉眼可见。

(3)用于荧光法的显像剂应不发荧光,也不应有任何减弱荧光的成分。而且不应吸收黑光。

(4)用于着色法的显像剂应与缺陷显示形成较大的色差,以保证最佳对比度。对着色染料无消色作用。

(5)不腐蚀被检工件和存放容器,对人体无害。

(6)使用方便,易于清除,价格便宜。

2. 显像剂的物理性能

1)粒度

显像剂的颗粒应研磨得很细。如果颗粒过大,微小的缺陷就显现不出来。这是由于渗透剂只能润湿粒度较细的球状颗粒所致。显像剂颗粒如果不能被渗透剂所润湿,则从检验表面就观察不到缺陷显示。显像剂的粒度不应大于3 μm。

2)密度

松散状态的干粉显像剂的密度应小于0.075 g/cm^3,包装状态下的密度应小于0.13 g/cm^3。

3)水悬浮型或溶剂悬浮型湿式显像剂的沉降率

显像剂粉末在水(或溶剂)中的沉降速率称为沉降率。细小的粉末悬浮后,沉淀速度慢;粗的显像剂粉末不易悬浮,悬浮后沉淀速度快;粗细不均匀的显像剂粉末沉降速率不均匀。为确保显像剂有较好的悬浮性能,必须选用轻质、细微且均匀的显像粉。

4)分散性

分散性是指显像剂粉末沉淀后,经再次搅拌,显像剂粉末重新分散到溶剂中的能力。分散性好的显像剂,经搅拌后能全部重新分散到溶剂中,而不残留任何结块。

5)显像剂润湿能力

显像剂润湿能力包括两个方面:其一是显像剂的颗粒被渗透剂润湿的能力,如果显像剂的颗粒不能被渗透剂所润湿,就不可能形成缺陷显示;其二是湿式显像剂润湿工件表面的能力,如果润湿能力差,则在显像溶剂挥发以后,会出现显像剂流痕或卷曲、剥落等现象。

3. 显像剂的化学性能

1)毒性

显像剂应是无毒的。有毒、有异味的材料不能用来配制显像剂。应避免使用二氧化硅干粉显像剂,因为长期吸入这类显像剂会对人的肺部产生有害的影响。因此,干粉显像时,一定要在通风条件好的地方进行。

2)腐蚀性

显像剂不应腐蚀盛装的容器,也不应使被检工件在渗透检测及以后的使用期间产生腐蚀。应控制显像剂中硫、钠等元素的含量,因为上述元素会使镍基合金产生热腐蚀,而显像剂的氟、氯等卤族元素会与不锈钢、钛合金起反应而产生应力腐蚀裂纹。因此,原子能工业和航空航天等工业用的显像剂,必须严格控制其含量。

3)温度稳定性

水悬浮显像剂或水溶性显像剂不应在冰冻情况下使用。为此,显像前,应对受检工件加热,防止显像剂在使用中产生冻结。另外,由于高温或相对湿度特别低的环境会使显像剂液体成分过度蒸发,因此在上述环境下使用的显像剂应经常检查显像剂槽液的浓度。

4)污染

渗透液的污染将引起虚假显示。油及水的污染,将使工件表面黏上过多显像剂、遮盖显示。

4.3.3 显像剂的质量检查

1. 外观检查

用于着色渗透检测的显像剂应提供一个良好的对比背景。用于荧光渗透检测的显像剂,当其暴露在紫外线下时,不应比相应的标准显像剂呈现更多的荧光。

用铝合金淬火试块(A 型试块)检查时,显像剂显像能力要强,附着状态应良好。

2. 干粉显像剂的质量检查

干粉显像剂是一种颗粒极细且吸附性极强的白色粉末,不应有聚结颗粒和块状物。干粉显像剂常配合荧光渗透液使用,在紫外线下不应发荧光。

1)荧光污染与水污染检查

取一块吹砂钢试块,将其一半浸入蒸馏水中,快速地摆动数次后置于干粉显像剂中,然后取出于室温下干燥,在 1 500 $\mu W/cm^2$ 的黑光灯下检查。与标准显像剂对比,不应有更多的荧光呈现。通过试块两半部分的对比,可检查显像剂的水污染情况。

2)干粉显像剂的松散性(密度)检查

将一个清洁、干燥、刻度为 500 mL 的量筒准确地从 500 mL 处切齐,称量量筒的质量,精确到 0.5 g。将量筒倾斜 30°,使粉末沿筒壁轻轻滑入量筒内,直至充满溢出。每添加一次,恢复量筒到垂直位置一次,保证无空穴形成。严禁摆动或敲击量筒。用直尺刮去多余粉末。在筒口捆扎一张纸。让量筒从 25 mm 高处反复地自由落到一个厚度为 10 mm 且有一定硬度的橡胶板上,使粉末往下墩实。每落下一次,将量筒转 90°。每落下 5 次,读一次粉末所占有体积,一直重复到体积不变为止。最后,除去捆扎的纸,称取量筒和盛装显像剂粉末的总质量。

显像剂的松装密度为净质量除以 500,应小于 0.075,即 1 L 松散的显像剂的质量为 75 g 以下。显像剂的摇实密度为净质量除以装实后所得的体积,不应大于 0.13,即 1 L 摇实显像剂的重量不多于 130 g。

3. 湿式显像剂的质量检查

1)再悬浮性能检查(水悬浮显像剂、溶剂悬浮显像剂)

湿式悬浮显像剂应按照制造商的说明书进行配制,静置 24 h 后,轻轻地摇动,已经形成的沉淀应能很容易地再悬浮。

2)适用性能检查(灵敏度检查)

水悬浮显像剂和水溶性显像剂应按照制造商推荐的最大浓度配制,溶剂悬浮显像剂按照制造商提供的说明书配制。使用相应的渗透剂及相应的工艺参数对标准裂纹试块进行渗透检测,标准裂纹试块表面显像剂涂层应均匀一致,与标准显像剂相比,缺陷显示应符合要求。

3)沉降速率(沉淀性)检查

溶剂悬浮显像剂:将显像剂搅拌到所有固体粉末呈悬浮状态,然后将 25 mL 溶剂悬浮显像剂注入 25 mL 量筒中,静置 15 min 后检查悬浮液的分层情况。此时,在全部混合液的表面下,沉淀物与无沉淀物的分界线,距上表面距离应不超过 2 mL 处刻度线。

水悬浮显像剂:按说明书配制,并放置 4 h。按上述试验方法试验,分界线距上表面距离应不超过 12.5 mL 处刻度线。

4)显像剂的可去除性检查

试板:尺寸为 40 mm × 50 mm,材料为 1Cr18Ni9,轧制表面,经汽油清洗并干燥。

干粉显像剂：将被检显像剂粉末与标准显像剂粉末分别撒喷在两块试板上，静置 5 min，用 0.2 MPa 的自来水喷洗 1 min，空气干燥，目视检查，所有显像剂应与相应的标准显像剂同样容易彻底去除。

湿式显像剂：试验方法基本同上，试板可倾斜 45°，放在温度为(150 ± 3)℃的环流烘箱内干燥 1 ~ 2 min，然后静置、水喷洗、干燥、目视检查。

4.4 渗透检测剂系统

4.4.1 渗透检测剂系统的分类及选择原则

1. 渗透检测剂系统的分类

渗透检测剂系统指由渗透剂、乳化剂、去除剂和显像剂所构成的组合系统，其中每种材料要互相相容且要满足各自特定的要求。渗透检测剂系统根据渗透剂的不同进行分类。

(1) 根据渗透剂分为：荧光渗透剂代号为Ⅰ；着色渗透剂代号为Ⅱ；荧光、着色渗透剂代号为Ⅲ。

(2) 根据渗透剂的去除方法分为：水洗型渗透剂、代号为 A；亲油性后乳化渗透剂代号为 B；溶剂去除型渗透剂代号为 C；亲水性后乳化渗透剂代号为 D。

(3) 根据显像剂分为：干粉显像剂代号为 a；水溶解显像剂代号为 b；水悬浮显像剂代号为 c；溶剂悬浮显像剂代号为 d；自显像代号为 e。

(4) 渗透检测方法代号示例：ⅡC-d 为溶剂去除型着色渗透检测(溶剂悬浮显像剂)。

渗透检测剂必须采用同一厂家生产的同类型的产品，各组分之间互相相容。不同厂家，不同类型不能混用，混用后由于不相容，导致渗透检测无法进行，会造成漏检现象、使重要设备带着危险缺陷运行，存在很大的隐患。

2. 渗透检测剂系统的选择原则

选择渗透检测剂系统时，首先考虑是否满足灵敏度的要求，系统各组分之间是否互相相容。其次，根据被检工件状态进行选择。此外，还要考虑经济性，要选择相容性高又价廉的。在选择渗透检测剂系统时应考虑渗透检测剂对被检工件应无腐蚀、化学稳定性好、能长期使用、不易着火、毒性小。

后乳化型荧光渗透检测剂系统适用于检测疲劳裂纹、磨削裂纹或其他细微裂纹、表面光洁度高的工件；溶剂去除型荧光渗透检测剂系统或溶剂去除型着色渗透检测剂系统适用于检测大工件局部；水洗型荧光渗透检测剂系统适用于检测表面粗糙的工件；水洗型着色渗透检测剂系统适用于检测铸件。

4.4.2 渗透检测系统的鉴定

1. 渗透检测剂材料性能鉴定

所有渗透检测剂材料必须经过有关部门鉴定取得合格证后才能使用。当配方变化时需重新进行鉴定，各项指标合格后允许使用。

(1) 渗透检测剂材料性能鉴定的项目：毒性，腐蚀性，闪点，黏度，储藏稳定性，氯、氟及硫含量，与液氧(LOX)或高压气态氧(GOX)的相容性。

(2) 渗透剂性能鉴定项目：表面润湿，持续停留时间，颜色，荧光效率，氯、硫、氟的含量，容水量，温度稳定性，槽液寿命，可去除性。

(3)乳化剂性能鉴定项目:颜色、渗透剂污染、容水量、槽液寿命、温度稳定性、浓度。

(4)显像剂性能鉴定项目:干粉显像剂的松散性、荧光污染及水污染;湿式显像剂的再悬浮性、沉淀性和适用性;可去除性、对比性。

(5)溶剂去除剂性能鉴定项目:清洗性(残余渗透剂、油状残余物)。

2. 渗透检测剂材料性能抽查

使用渗透检测剂的部门应对每批新购买的散装渗透检测剂材料进行抽查,各项指标在规定范围内,方可使用。

在每一批新的合格散装渗透剂中应取出500 mL储藏在玻璃容器中作为校验基准。

(1)渗透剂颜色浓度的校验方法:将10 mL待校验和基准渗透剂分别注入盛有90 mL无色煤油或其他惰性溶剂的量筒中,搅拌放在比色计纳式试管中进行颜色浓度的比较。如果被校验的渗透剂与基准渗透剂的颜色浓度差超过20%,则视为不合格。

(2)渗透剂的可去除性的校验:对渗透剂进行外观检验,如发现有明显的混浊或沉淀物、变色或难以清洗,则应予以报废。

(3)渗透剂灵敏度的校验:用C型试块校验,当发现被检渗透剂显示缺陷的能力低于基准渗透剂时,应进行报废处理。

(4)荧光渗透剂荧光效率的校验:校验方法根据GB/T 5097—2020中的有关规定执行。当发现荧光渗透剂的荧光效率低于75%时,应予以报废。

(5)渗透剂的氯、硫、氟含量的测定:取渗透剂试样100 g,放在直径150 mm的表面蒸发皿中沸水欲加热60 min,进行蒸发。如蒸发后留下的残渣超过0.005 g,则应分析残渣中氯、硫、氟的含量。

(6)乳化剂性能抽查项目:含水量。

(7)干粉显像剂的松散度的测定:观察干粉显像剂,如发现粉末凝聚成块,应废弃,不再使用。

(8)湿式显像剂的比重的测定:用比重计进行测定,不符合要求时,报废。

(9)湿式显像剂的悬浮性、沉淀性的测定:当湿式显像剂出现混浊、颜色有变化,或难以形成薄而均匀的显像层时,应予以报废。

3. 渗透检测系统灵敏度的鉴定

1)低灵敏度渗透检测系统

使用A型试块鉴定。取三种渗透检测剂(水洗型、后乳化型、溶剂去除型)分别对三块试块进行实验。将被检渗透检测剂施加在A型试块的A侧表面,将标准渗透检测剂施加在A型试块的B侧表面,试验参数见表4-11。被检渗透检测剂在A型试块上所显示的痕迹,其数量和亮度应等于或超过相应标准渗透检测剂所显示的痕迹。

表4-11 低灵敏度渗透剂系统试验参数

渗透检测剂	试验参数		
	渗　透	乳　化	显　像
水洗型	10 min	—	7 min
后乳化型	10 min	荧光:2 min;着色:0.5 min	7 min
溶剂去除型	10 min	—	7 min

2)中、高和超高灵敏度渗透检测系统

使用C型试块鉴定。取三种渗透检测剂(水洗型、后乳化型、溶剂去除型)分别对三块试块进行实验。将被检渗透检测剂施加在C型试块的半个表面上,将相应标准渗透检测剂施加在C型试块的另半个表面上，实验参数见表4-12。被检渗透检测剂在C型试块上所显示的痕迹，其数量和亮度应等于或超过相应标准渗透检测剂所显示的痕迹。

表4-12　中、高和超高灵敏度渗透检测剂系统试验参数

渗透检测工序	水洗型	后乳化型（亲油）	后乳化型（亲水）	溶剂去除型
施加渗透剂	浸透和滴落10 min			
预水洗			水压0.2 MPa，水温(20±5)℃，1 min	
乳化		2 min	2 min	
水洗	水压0.2 MPa，水温(20±5)℃，5 min	根据要求	水压0.1 MPa，水温(20±5)℃，2 min	
溶剂擦拭				根据要求
干燥和显像	干燥：用暖风(30～50 ℃)吹干，显像15 min			

4.4.3　国内渗透检测剂简介

目前，国内渗透检测剂主要有HD系列，DPT-3、4、5、5A、8系列，H-ST系列，YP-VT系列等，如图4-8所示，均属溶剂去除型着色剂以喷罐形式成套出售。国内渗透检测剂的性能基本达到国际某些同类产品的水平，有些性能还有待发展，进一步提高。着色渗透检测剂的主要组分见表4-13，荧光渗透检测剂的主要组分见表4-14。

表4-13　着色渗透检测剂的主要组分

渗透检测剂	组　分
渗透剂	苏丹Ⅲ、苏丹Ⅳ、乙酸乙酯、二甲基萘、二甲苯
溶剂去除剂	O-10乳化剂、乙醇、丙酮
显像剂	氧化镁、丙酮、乙醇、乳化剂O-20

表4-14　荧光渗透检测剂的主要组分

渗透检测剂	组　分
渗透剂	水洗型：煤油，邻苯二甲酸二丁酯，乙二醇单丁醚，表面活性剂，荧光染料YJP-15、YJN-68，荧光增白剂MDAC、PEB
	后乳化型：煤油，邻苯二甲酸二丁酯，表面活性剂，荧光染料YJP-15、YJN-68，荧光增白剂MDAC、PEB
乳化剂	TX-10、JEC和水
显像剂	轻质氧化镁

4.4.4　国外渗透检测剂简介

国外渗透检测剂已完全标准化和系列化，种类齐全，能满足各种不同渗透检测的需要：有适合粗糙表面检测的渗透检测剂；有适合航空航天工业及核工业的严格限制硫、氯、氟的含量的渗透检测剂；有专门适用于塑料检测的渗透检测剂；有适用于高温检测的渗透检测剂，等等。例如，日本产的U-ST系列，美国产的HM系列、ZL系列，英国产的P131D。

日本生产的渗透检测剂有的是化学反应型，其渗透剂为无色透明液体，显像剂为白色液体。

两种液体混合起化学反应后呈红色，当受黑光照射时，呈金黄色荧光，此种渗透剂既是着色渗透剂又是荧光渗透剂，具有双重灵敏度。这种渗透检测剂不污染衣服、皮肤，工作环境清洁卫生，只有缺陷处呈红色，易于清洗。

以英国生产的渗透检测剂简单介绍国外渗透检测剂的性能见表 4-15。

表 4-15　英国生产的荧光渗透剂性能比较

渗透剂型号	类　型	性　能
970-P4	水洗型	具有良好的水洗性，适用于表面粗糙的铸件、焊件
970-P10	水洗型	具有中等灵敏度，适用于轻合金铸件、锻件和冲压件
970-P17	水洗型	具有高灵敏度，适用于涡轮叶片、涡轮盘等旋转件
985-P1	后乳化型	标准灵敏度，适用于涡轮叶片、涡轮盘等旋转件
985-P3	后乳化型	超高灵敏度、仅在特殊情况下使用

在工作中可以根据不同工件、不同光洁度、不同灵敏度的需求，选用不同类型的渗透检测剂，能达到灵敏度要求就可以，不必选用高灵敏度或超高灵敏度。图 4-7 所示为国内常用渗透检测剂。

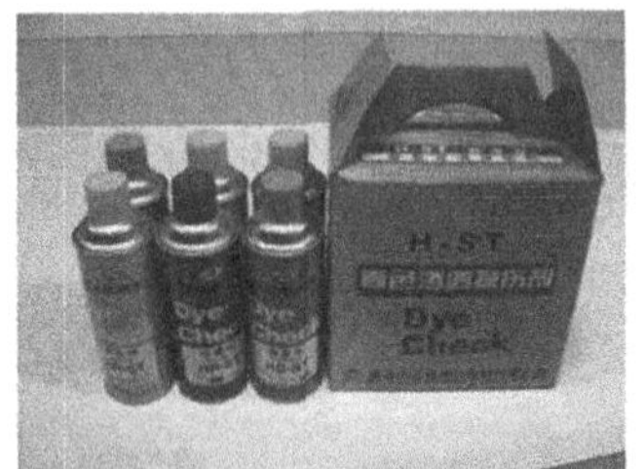

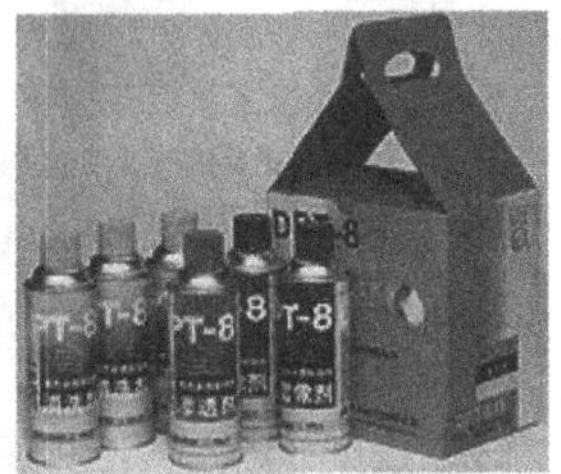

图 4-7　国内常用渗透检测剂

第5章 渗透检测设备

5.1 渗透检测设备及装置

5.1.1 便携式设备及压力喷罐

1. 便携式设备

便携式设备主要有渗透剂喷灌、去除剂喷灌和显像剂喷灌，用于清除表面氧化皮、锈皮的毛刷、金属刷等。采用荧光法时还要装上紫外线灯。此种设备适用于现场检测。

2. 压力喷灌

渗透检测剂（渗透剂、去除剂、显像剂）通常装在密闭的压力喷灌内使用。压力喷灌一般由盛装容器和喷射机构两部分组成，其结构和实物如图5-1所示。

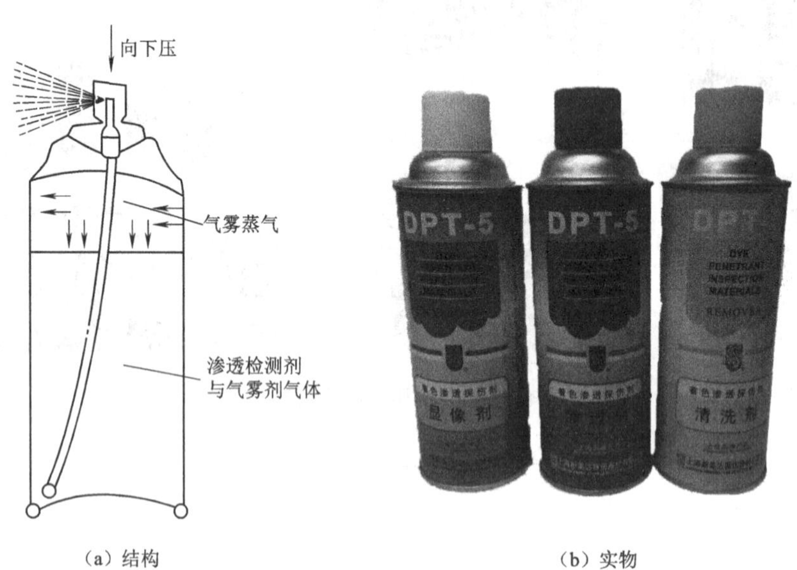

（a）结构　（b）实物

图5-1　渗透检测剂压力喷灌

罐内装有气雾剂和渗透检测剂。气雾剂采用乙烷或氟利昂等，通常在液态时装入罐内，常温下气化，形成高压。使用时压下头部的阀门，检测剂就会成雾状从头部的喷嘴自动喷出。喷灌内部的压力随渗透检测剂的种类和温度的不同而不同，温度越高，压力越大。

3. 使用压力喷罐的注意事项

（1）喷灌应与工件保持一定的距离，这是因为渗透检测剂刚从喷嘴喷出时，由于气流集中，渗透检测剂呈液滴状而未形成雾状。距离近时,会使渗透检测剂施加不均匀。

(2)因喷灌的压力随温度升高而增大,所以喷灌不易放在靠近火源、热源处,以免受热引起罐内压力过高而爆炸。

(3)需遗弃空罐时,应先破坏其密封性。

5.1.2 预清洗装置

工作场所的流动性不大,工件数量较多,要求布置流水线时,一般采用固定式检测装置,主要有预清洗装置、渗透装置、乳化装置、显像装置、干燥装置和后处理装置。

工件在检验前必须彻底清洗和干燥。常用的预清洗装置有三氯乙烯除油槽、碱性或酸性腐蚀槽、超声波清洗装置、洗涤槽和喷枪等。下面介绍三氯乙烯除油槽。

三氯乙烯除油槽的结构如图 5-2 所示。槽的底部是加热装置,可采用电加热或蒸气加热。槽中的三氯乙烯液体被加热器加热至 87 ℃时沸腾,产生蒸气。槽的上部是蛇形管冷凝器,蛇形管内不断地通冷水冷却,使三氯乙烯蒸气在冷凝管上冷凝成液体,以保证三氯乙烯蒸气不再上升,并使其保持在一定的水平面上,被冷却的三氯乙烯液体被收集后流回槽中以便再使用。槽的上部装有一个温控器,当三氯乙烯蒸气达到一定高度时,温控器的温度会上升,随即自动切断电源,起到保护作用。在槽的上部装有抽风口,可抽掉挥发在槽口处的三氯乙烯蒸气。但抽风的速度不宜过快,以保证槽内蒸气的稳定。

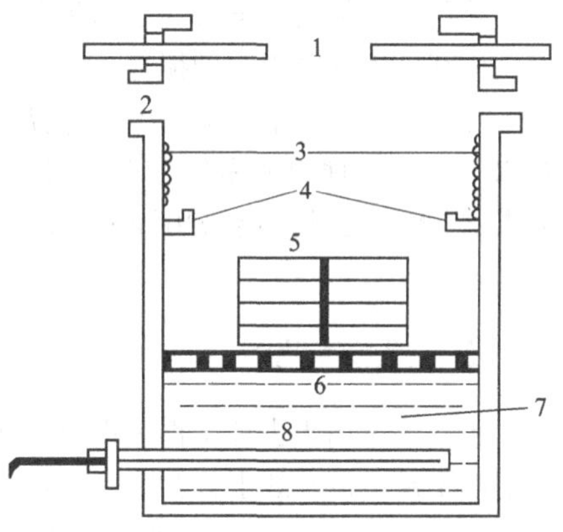

图 5-2 三氯乙烯除油槽

1—滑动盖板;2—抽风口;3—冷凝管;4—冷凝集液槽;5—工件筐;6—格栅;7—三氯乙烯;8—加热器

在工作中,要保持除油槽的清洁,防止槽液与污染物发生化学反应而呈酸性。为此,当工件的油污较多时,在进行三氯乙烯除油前,应先用煤油或汽油清洗一遍。铝、镁合金等工件在除油前,要彻底清除屑末,防止铝、镁屑进入槽中与三氯乙烯产生化学反应,而使槽液呈酸性。潮湿的工件必须在干燥后方能除油。

人体吸入三氯乙烯是有害的,在操作时,工件进出槽口要缓慢,防止过多的蒸气带出槽外。要经常添加三氯乙烯,防止加热器露出液面,否则会引起过热而产生剧毒气体。操作现场禁止抽烟,防止吸入有毒气体。

5.1.3 渗透剂施加装置

渗透剂施加装置和施加渗透剂的工艺方法应保证渗透剂能均匀地施加于工件表面上,使工件的每个部位都能覆盖上渗透剂;能回收多余的渗透剂,以防渗透剂大量流失,造成浪费。采用自动传递装置进行大批量检验时,应把传送装置布好,以便受检工件通过渗透剂施加装置到乳化装置或水洗装置的传送过程中,具有一定的滴落时间。

渗透剂施加装置主要由渗透剂槽、滴落架、工件筐、毛刷、喷枪等组成。这里主要介绍渗透剂槽和滴落架。

渗透剂槽一般用铝合金或不锈钢薄板制成,应有足够大的空间,可以放置最大的工件,并且具有足够的间隙和深度,应标记正常的液面高度,槽上方应留有一定余量以防止渗透剂外溢,工件在正常的液面高度内浸入槽中以后能被完全淹没。渗透剂槽上装有 2 个阀门,一个在清洗槽液时用来排出槽上层清洁的渗透剂,距底部 75 ~ 100 mm;另一个阀门装在槽底,用来排除槽底的油污和水分。

滴落架与渗透剂槽多做成一体。工件从渗透剂槽中取出后放置在滴落架上滴落,滴下的渗透剂可直接流到渗透剂槽中。对那些不能直接浸涂的工件,这种滴落架还能为工件的流涂或喷涂提供一个位置。

为便于进行流涂或喷涂的操作,最好在渗透剂槽中加装一个小油泵,并在油泵上安装软管喷嘴。在寒冷地区,渗透剂槽还应附带有加热装置,必要时对渗透剂进行加热。渗透剂槽体应进行泄漏检验,不允许有任何泄漏迹象。

5.1.4 乳化剂施加装置

乳化剂施加装置与渗透剂施加装置相似,由乳化剂槽及滴落架等组成,其内部需装有搅拌器,供乳化剂不连续或不定期搅拌用,不宜采用压缩空气搅拌,因为会产生大量的乳化剂泡沫。

乳化剂施加装置是用来将乳化剂施加到工件表面并使其与渗透剂混合,从而使渗透剂能够被水清洗。最理想的操作是在尽可能短的时间内使乳化剂完全覆盖工件表面。浸入法是常用的方法,大型工件不能采用浸入法时,也可采用喷涂方法,多路喷涂可使工件表面获得均匀的覆盖层。

5.1.5 水洗装置

水洗装置用于去掉工件表面上多余的渗透剂,而不得将缺陷内的渗透剂洗掉,要防止过清洗或清洗不足。流水线上检验时,应设有自动水洗装置,水流应喷到工件所有的表面。工件可使用浸洗方法迅速停止乳化作用,然后采用手工喷洗,水洗操作过程应经常观察背景,检查水洗程度,防止过清洗。

常用的水洗装置有搅拌水槽、喷洗槽、喷枪等。水洗槽应用不锈钢制成,防止锈蚀。如图 5-3 所示,压缩空气通过两根直径为 12 mm 的管子进入槽底,水平安放,每隔 3 cm 钻有孔眼,水温控制在 10 ~ 40 ℃,水压不超过 0.34 MPa,工作时水不断地流动,脏水从上方的溢流装置排走,流入水量应该控制,以防泛滥。

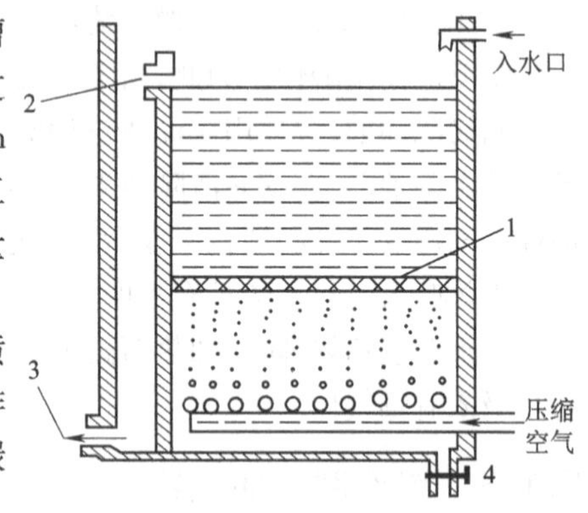

图 5-3 压缩空气搅拌水槽

1—格栅;2—限位口;3—排水口;4—排污口

喷洗槽中的喷嘴安装在槽的所有侧面,形成扇形的喷射图样,喷嘴的角度应能调节,滴落的水从槽底部的出口排出,或者流入净化装置再循环使用。水的净化采用活性碳过滤器。

手工喷洗采用喷射式喷枪将水喷至工件上,一般是将工件放在槽内喷洗,槽中装有孔径为5 cm 的格栅以支撑工件。可以用挡板挡住水的飞溅。

5.1.6 热空气循环干燥装置

热空气循环干燥装置是由加热器、循环风扇、恒温控制系统组成,干燥箱温度通常不超过 70 ℃。井式热空气循环干燥装置适用于吊车吊运工件的检验流水线,如图 5-4 所示。罩式热空气循环干燥装置适用于滚道传送的检验流水线,如图 5-5 所示。

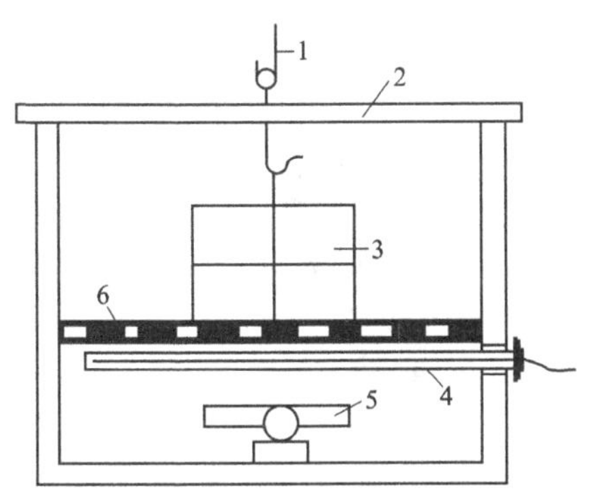

图 5-4 井式热空气循环干燥装置
1—吊钩;2—盖板;3—被干燥零件;
4—加热器;5—电风扇;6—格栅

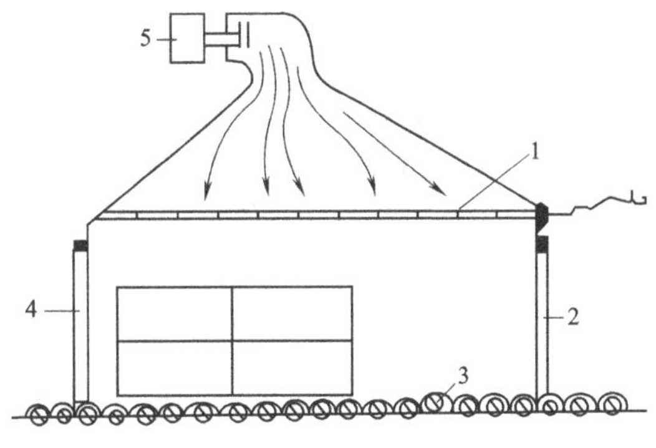

图 5-5 罩式热空气循环干燥装置
1—加热器;2—零件出门;3—滚道;
4—零件进门;5—鼓风机

干燥温度不能过高,温度过高会导致着色染料或荧光染料变色或变质,影响渗透检测的效果。

5.1.7 显像剂施加装置

显像剂施加装置分为湿式显像施加装置和干式显像施加装置两大类。对湿式显像剂而言,显像剂施加装置直接放在干燥装置之前;对于干式显像剂而言,显像剂施加装置要放在干燥装置之后。

干式和湿式显像剂所用的施加装置是不同的。常用的干式显像施加装置有喷粉柜和喷粉槽等。喷粉柜的结构如图 5-6 所示,底部为锥形,内盛显像剂粉末。压缩空气管下方钻有小孔,当通入压缩空气时,压缩空气将显像剂粉末吹扬起来形成雾状,充满密封柜的全部空间。底部的加热器使柜内显像剂粉末保持松散。柜内装有支撑工件用的格栅,密封盖的下方和喷粉柜的槽边贴上一层海棉或泡沫塑料,当盖板盖上时,利用盖板本身的重力将槽口密封住,以防止显像剂粉末的飞扬。

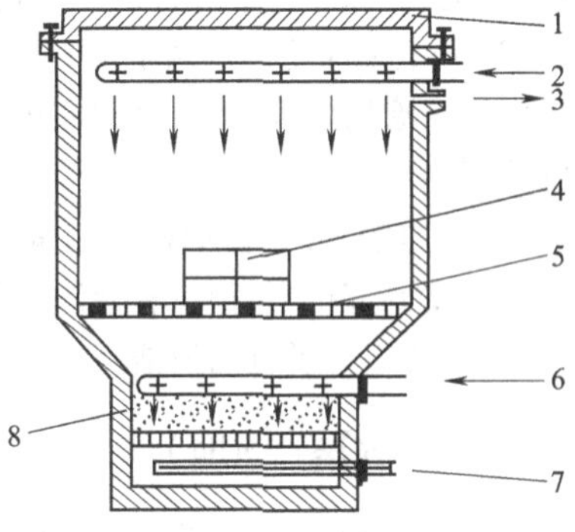

图 5-6 干式显像喷粉柜
1—密封盖;2、6—压缩空气;3—排气;4—零件;
5—格栅;7—加热器;8—显像粉

施加干式显像剂之前,工件要冷却到便于操作的温度。工件可以埋入显像剂中,干粉显像剂很轻,几乎可以流动。显像结束后,取出工件,抖掉多余的显像剂即可进行观察。

湿式显像槽的结构与渗透剂槽相似,也由槽体及滴落架等组成,槽内装有机械搅拌装置,以进行不定期的搅拌。压缩空气搅拌会产生气泡和泡沫,一般不推荐使用。如果采用水悬液,还应装有恒温控制器。槽内装有格栅用以支撑工件。槽体用不锈钢制成,不能存在泄漏的现象。

5.1.8 静电喷涂装置

检查大型部件时,采用静电喷涂装置。静电喷涂的原理是在喷涂渗透剂或显像剂的喷嘴上,加上 60 ~ 100 kV 的负电压,使喷出的渗透剂或显像剂带上负电,工件接地作为阳极,在高压静电场的作用下,使渗透剂或显像剂吸附在工件上,如图 5-7 所示。

静电喷涂装置由 100 kV 静电发生器、高压空气泵、粉末漏斗柜、喷枪(渗透剂喷枪和显像剂喷枪)等组成。

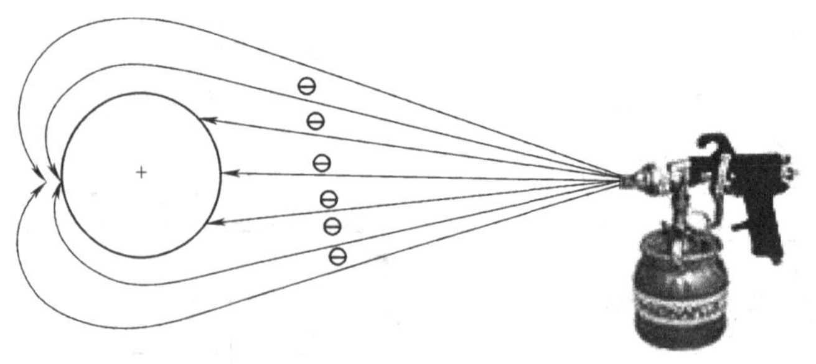

图 5-7　静电喷涂装置

静电发生器的作用是供给渗透剂喷枪或显像剂喷枪的负高电压。静电发生器中装有过电流自动保护装置,发生过电流时,保护装置能自动断电。

高压空气泵用来将渗透剂加压送入喷枪中进行喷涂。

粉末漏斗柜用来将显像粉压入喷枪中进行喷粉显像。

喷枪用于喷涂渗透剂或显像粉。喷枪柄上装有低压开关,与静电发生器上的续电器相连接,开关打开时,续电器工作,静电产生达到喷枪上。枪柄上还装有触发安全锁,以保证在偶然掉地时或碰撞时,触发器停止工作,渗透剂或显像剂不会喷射出来。

静电喷涂的特点:

(1)静电喷涂可以在现场操作,工件不需要移动,也不需要渗透剂槽、显像粉柜等一系列容器;渗透、水洗、显像和检查等各道工序均在同一地点,占地面积减少。

(2)静电喷涂可使渗透剂或显像剂均匀地分布在工件表面上,并增加它们对工件表面的附着力。由于喷涂均匀,灵敏度可相应提高。并且,所用的渗透剂都是新鲜的,不存在因污染而降低灵敏度的问题。

(3)静电喷涂时,检测材料用量少,喷射出的70%以上的渗透检测剂都能够洒落在工件上。如果喷涂速度调节得当,很少有液滴或粉末飞出静电场,这样可大量节约渗透检测剂,也可减少环境的污染,保持工作场所的清洁。

5.1.9　检验室(场地)

检验室必须为目视评价渗透检测结果提供一个很好的环境。着色检测时,检验室内白光照明应使被检工件表面照度大于或等于1 000 lx;荧光检测时,应有暗室。暗室里的白光照度应不大于20 lx。暗室内装有标准黑光源,备有便携式黑光灯,以便检查工件的深孔等部位。暗室内黑光强度不低于1 000 $\mu W/cm^2$。暗室内还应备有白光照亮装置,作为一般照明和在白光下评定缺陷用。

检验场地应设置料架,供存放合格和报废的工件用。合格与报废工件应作相应的标记,分区放置。

5.1.10　后清洗装置

对后清洗装置的要求,取决于工件的预期使用。最低限度,应把多余的渗透剂及工件表面的显像剂清洗掉。采用水、洗涤剂是清洗大量小工件的有效方法。也可以用溶剂清洗的方法清洗工件表面。经检测合格的工件,应呈清洁可用状态从渗透检测装置交出。

5.1.11　渗透检测整体型装置

根据被检工件的大小、数量和现场情况等，可将渗透检测用各种槽分离地排列成“一”字形、U形（见图5-8）或L形（见图5-9）等。工件可用手推动在滚道上传送，也可用吊车吊运，还可两者结合使用。后乳化型荧光渗透—干粉显像的渗透检测装置如图5-10所示。

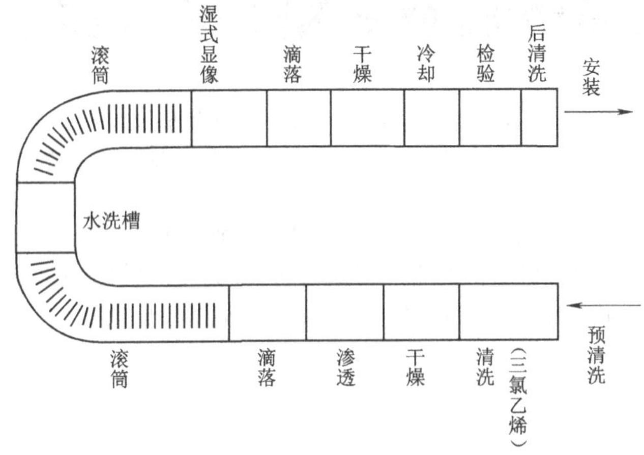

图5-8　U形排列的固定式渗透检测流水线

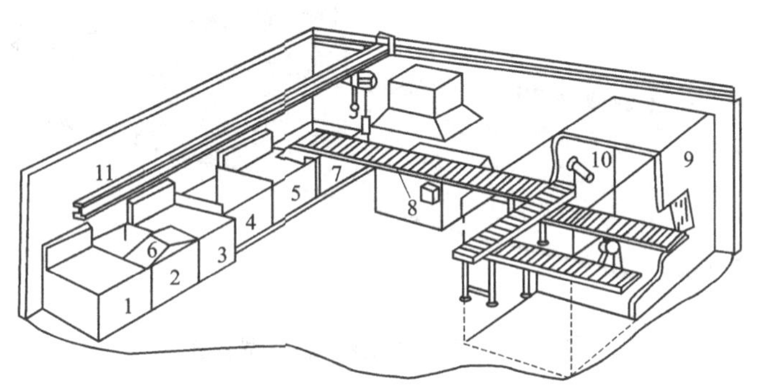

图5-9　L形排列的固定式荧光渗透检测流水线

1—渗透槽；2—滴落槽；3—乳化槽；4—水洗槽；5—液体显像槽；6、7—滴落板；8—传输带；9—观察室；10—黑灯光；11—吊轨

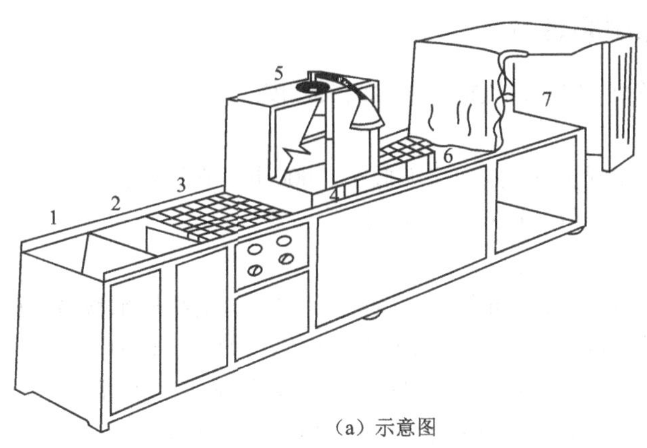

（a）示意图

图5-10　后乳化型荧光渗透—干粉显像的渗透检测装置

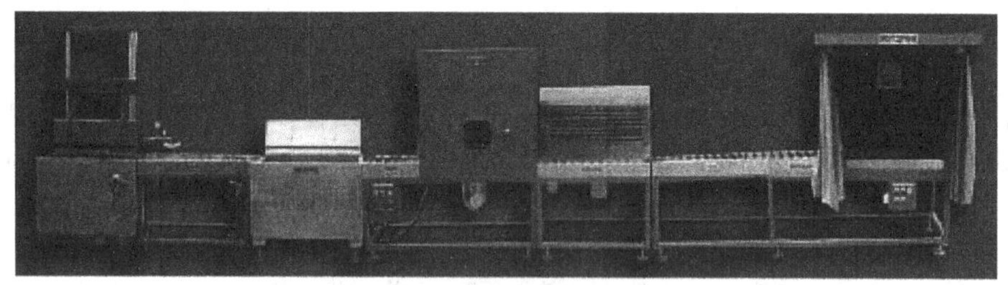

(b) 实物图

图 5-10 后乳化型荧光渗透—干粉显像的渗透检测装置(续)
1—渗透;2—乳化;3—滴落;4—水洗;5—干燥;6—显像;7—检验

将渗透检测用的各种槽组成一个整体,称为整体型装置,如图 5-11 所示。整体型装置各部分连接紧凑,适合于大批量叶片、机加工的工序中的渗透检测。可以根据不同的渗透工艺设计不同的整体型装置。大批量生产时,可采用高效率的自动操作整体型装置。

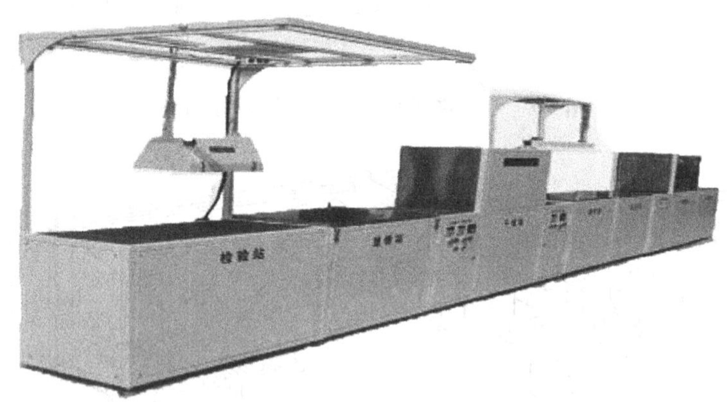

图 5-11 渗透检测操作整体型装置

单独的渗透检测工艺设备如预清洗装置、渗透剂施加装置、显像剂施加装置等常称为分离型装置。

5.1.12 渗透检测照明装置

照明对渗透检测有重要意义,直接影响检测灵敏度。

1. 白光灯

着色检测用日光或白光照明,照度应不低于 1 000 lx。在没有照度计量的情况下,可用 160 W 荧光灯在 1 m 远处的照度为 1 000 lx 作为参考。

2. 黑光灯

黑光灯又称水银石英灯,是荧光检测必备的照明装置,由高压水银蒸气弧光灯、紫外线滤光片(或称黑光滤光片)和镇流器所组成。水银石英灯的结构如图 5-12 所示。

灯内的石英内管充有水银和氖气,管内有两个主电极和一个辅助电极,辅助电极与其中一个主电极靠得很近。开始通电时,主电极和辅助电极首先通过氖气产生放电,由于限流电阻的作用,使放电电流相当小,但却足以使管内的水银蒸发。由于水银蒸发,导致两主电极之间电弧放电，这就表示黑光灯已开始点燃，但这时放电电压不稳定，一般要经过 5 ~ 10 min 后，电压才能稳定。稳定后管内水银蒸气压力可达 0.4 ~ 0.5 MPa，所以高压水银蒸气弧光灯也称高压水银蒸气灯，即高压不是指这种灯要接高压电源，而是指管内水银蒸气压力较高。图 5-13 所示为自镇流紫外灯。

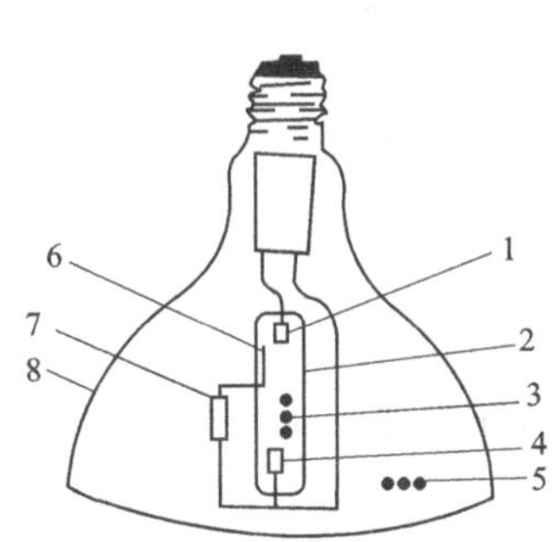

图 5-12 水银石英灯的结构

1、4—主电极；2—石英内管；3—水银和氖气；5—抽真空或充氖气或惰性气体；6—辅助电极；7—限流电阻；8—玻璃外壳

图 5-13 自镇流紫外灯（4 500 μW/cm²）

高压水银蒸气弧光灯输出的光谱范围很宽，除黑光外，尚有可见光和红外线。波长大于 390 nm 以上的可见光会在工件上产生不良的衬底，使荧光显示不鲜明；波长在 330 nm 以下的短波紫外线会伤害人的眼睛；而荧光检测中需要波长为 365 nm 的黑光束激发荧光，故需选择合适的滤光片，用以滤去波长过短或过长的光线。常用于制作滤光片的材料是深紫色耐热玻璃，仅让 330 ~ 390 nm 波长的黑光通过，而不让其他波长的光线通过。该波长范围的黑光对人眼几乎无伤害。目前生产的黑光灯大部分是将高压水银蒸气弧光灯的外壳直接用深紫色耐热玻璃制成，这种外壳起滤光的作用，使用时不必再装滤光片，这种带滤光片的灯泡也称黑光灯泡。黑光灯需与镇流器串转才能使用，具体的接线方法如图 5-14 所示。

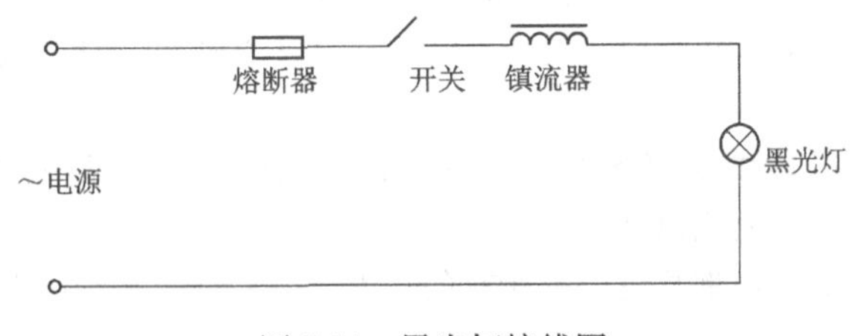

图 5-14 黑光灯接线图

3. 使用黑光灯时应注意的事项

(1) 使用时，应尽量减少不必要的开关次数。黑光灯点燃并稳定工作后，石英内管中的水银蒸气压力很高，如在这种状态下关闭电源，则在断电的瞬间，镇流器产生一个阻止电流减少的反向电动势，这个反向电动势加到电源的电压上，使两主电极之间的电压高于电源电压，由于此时管内水银蒸气压力很高，高压水银蒸气弧光灯会被瞬时击穿，从而减少灯的使用寿命。每断电一次，灯的寿命大约缩短 3 h。因此，要尽量减少不必要的开关次数。通常每个班只开关一次，即黑光灯开启

后，直到本班不再使用时才关闭。

(2)在使用过程中，黑光灯的强度会不断降低，或出现强度变化的情况，为保证检测灵敏度，必须对黑光灯进行定期的校验。产生强度降低或变化的主要原因是：①黑光灯本身的质量差异，不同的黑光灯有不同的输出功率。②黑光灯所输出的功率与所施加的电压成正比。在额定电压工作，黑光灯可得到理想的输出功率，当电压降低输出功率也随之降低。③黑光灯的输出功率随使用时间的不断增加而不断降低。④黑光灯上集聚的灰尘将严重地降低黑光灯的输出功率。灰尘集聚严重时，会使输出功率降低一半。⑤黑光灯的使用电压超过额定电压时，寿命会下降。例如，额定电压110 V的黑光灯，电压增加到125～130 V时，每点燃1 h，寿命会减少48 h。

5.1.13 黑光强度检测仪

黑光强度检测有两种方法：一种是直接测量法；另一种是间接测量法。

直接测量法是黑光直接辐射到离黑光灯一定距离处的光敏电池上，测得黑光强度值。我国产的ZQJ-1，美国产的DSE-100X/L型都属于这种直接测量法。

间接测量法是黑光辐射到一块荧光板上(荧光极是无机荧光粉粘在一块薄板上，表面涂一层透明的聚酯薄膜)，使其激发出黄绿色荧光，黄绿色荧光再照到光敏电池上(光敏电池前装有黄绿色滤光片)，使照度计指针偏转，指出照度值。由于采用这种方法的黑光强度检测仪以照度为刻度，故又称为黑光照度计。江苏射阳生产的ZQJ-2型紫外线强度计就是这种类型的仪器。

黑光照度计还可用来比较荧光液的亮度。

5.2 渗透检测中的试块

5.2.1 试块及其作用

试块是指带有人工缺陷或自然缺陷的试件，是用于衡量渗透检测灵敏度的器材，故也称灵敏度试块。渗透检测灵敏度是指在工件或试块表面上发现微细裂纹的能力。

在渗透检测中，试块的主要作用表现在下述三个方面：

(1)灵敏度试验：用于评价所使用的渗透检测系统和工艺的灵敏度及渗透剂的等级。

(2)工艺性试验：用以确定渗透检测的工艺参数，如渗透时间、温度；乳化时间、温度；干燥时间、温度等。

(3)渗透检测系统的比较试验：在给定的检测条件下，通过对不同类型的检测材料和工艺的比较，以确定不同渗透检测系统的相对优劣。

应当指出，并非所有的试块都具有上述所有的功能，试块不同，其作用也不同。

5.2.2 常用试块

渗透检测中，每种试块或试片均有其优缺点。下面介绍几种常用的试块：

1. 铝合金试块

铝合金试块(A型对比试块)如图5-15(a)所示，试块由同一试块剖开后具有相同大小的两部分组成，分别标以A、B记号，A、B试块上均应具有细密相对称的裂纹图形。铝合金试块的其他要求应符合JB/T 6064—2015标准的相关规定。

铝合金试块的制作步骤如下。

从 8 ~ 10 mm 厚的铝合金板材(材料:2A12)截取一块 50 mm × 80 mm 的试块毛坯磨光,粗糙度为 6.3 μm,取料时使 80 mm 长度方向沿着板材的轧制方向,然后把试块放在支架上,用气体灯或喷灯加热,加热的位置在试块下方正中央,加热至 510 ~ 530 ℃。调节火焰保温约 4 min,然后在水中急冷淬火,使试块中部产生宽度和深度不同的淬火裂纹。最后,沿 80 mm 方向的中心位置切割开,再用硬刷清理表面,并用溶剂清洗,这就制成了一块铝合金淬火裂纹试块。

这种试块的作用:铝合金试块的检测面一分为二,便于在互不污染的情况下进行对比试验,可在同一工艺条件下,比较两种不同的渗透检测系统的灵敏度。也可使用同类渗透检测剂,在不同的工艺条件下进行工艺灵敏度试验。从理论上讲,试块分开两侧的裂纹形状和分布应是对称的,但在某些情况下仍会有所不同,如图 5-15(b)所示。在进行对比试验时,应注意这一现象。

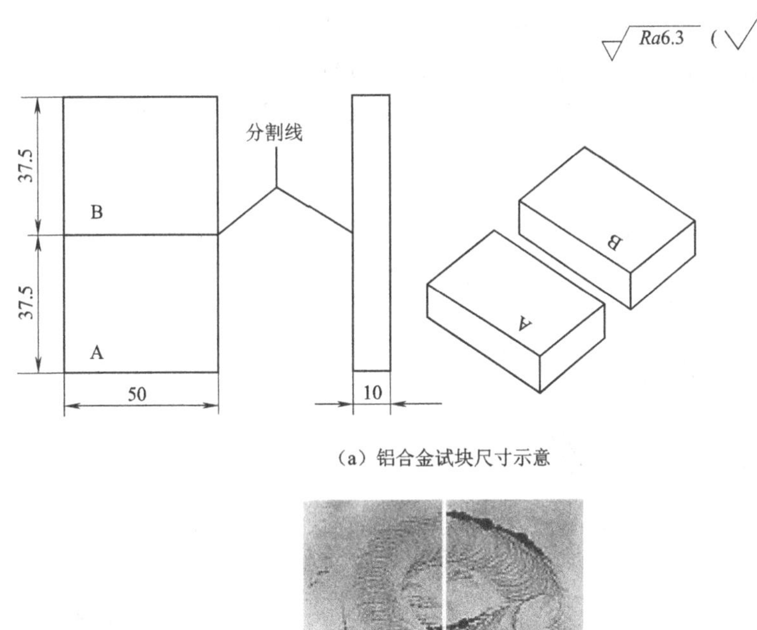

(a) 铝合金试块尺寸示意

(b) 两种渗透剂在试块上的检测结果

图 5-15 铝合金试块单位(mm)

这种试块的优点是制作简单,在同一试块上可提供各种尺寸的裂纹,且形状类似于自然裂纹。其缺点是所产生的裂纹尺寸不能控制,而且裂纹的尺寸较大,不利于渗透检测剂的灵敏度鉴别,多次使用后,重现性较差。

这种试块经使用后,渗透检测剂会残留在裂纹内,清洗较为困难,重复使用时会影响裂纹的重现性,严重时会因为裂纹被堵塞而失效。因此,试块经使用后应及时清洗,具体清洗方法是:先将试块表面用丙酮清洗干净,用沸水煮 30 min,清除缺陷内残留的渗透剂,然后在 110 ℃下干燥 15 min,使裂纹中的水分蒸发干净,最后浸泡在 50% 甲苯和 50% 三氯乙稀混合液中,以备下次使用。另外,也可将表面清洗干净的试块置于丙酮中浸泡 24 h 以上,干燥后放在干燥器中保存备用。虽然有多种清洗方法,但效果都不能令人满意。在一般情况下,铝合金淬火裂纹试块的使用次数不多于 3 次,因为在大气中,铝表面会氧化。

铝合金试块主要用于以下两种情况：

(1)在正常使用情况下，检验渗透检测剂能否满足要求，以及比较两种渗透检测剂性能的优劣；

(2)对用于非标准温度下的渗透检测方法作出鉴定。

2. 不锈钢镀铬裂纹试块

不锈钢镀铬裂纹试块又称B型试块，其尺寸示意如图5-16(a)所示。将一块尺寸为130 mm×40 mm×4 mm、材料为0Cr18Ni9Ti或其他不锈钢材料的试块的单面镀铬，用布氏硬度法在其背面施加不同负荷形成3个辐射状裂纹区，按大小顺序排列区位号分别为1、2、3，其位置、间隔及其他要求应符合JB/T 6064—2015中的相关规定。这种试块由单面镀铬的不锈钢制成，不锈钢材料可采用1Cr18Ni9Ti。推荐的尺寸为130 mm×40 mm×4 mm。制作时，先将不锈钢板的单面磨光后镀铬，铬层厚度约25 μm，镀铬后进行退火，以清除电镀层的应力。然后，在试块的另一面用直径10 mm的钢球在布氏硬度机上分别以750 kg、1 000 kg及1 250 kg打三点硬度。这样，试块镀层上就会形成如图5-16(b)所示的3处辐射状裂纹，其中以750 kg压点处产生的裂纹最小，1 250 kg压点处裂纹最大。

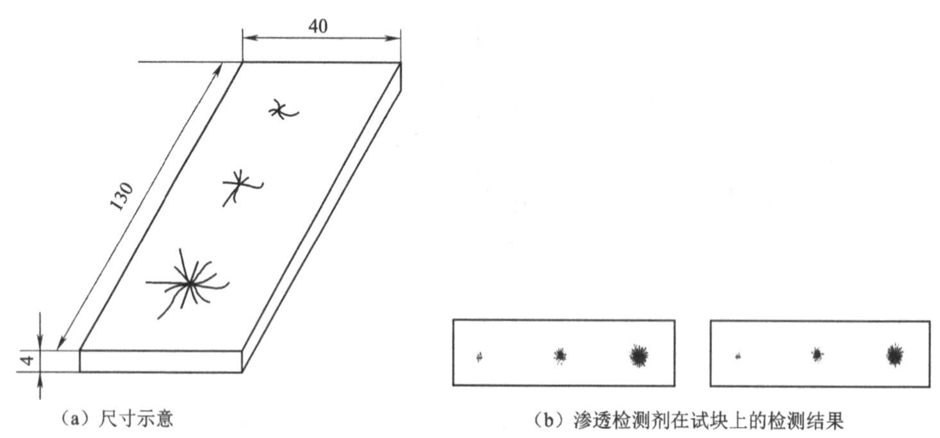

(a) 尺寸示意　　(b) 渗透检测剂在试块上的检测结果

图5-16　不锈钢镀铬裂纹试块

B型试块主要用于校验操作方法与工艺系统的灵敏度。B型试块不像A型试块可分成两半进行比较试验，只能与标准工艺的照片或塑件复制品对照使用。也就是说，在B型试块上，按预先规定的工艺程序进行渗透检测，再把实际的显示图像与标准工艺图像的复制品或照片相比较，从而评定操作方法正确与否和工艺系统的灵敏度。

这种试块的特点是：裂纹深度尺寸可控，一般不超过镀铬层厚度。同一试块上具有不同尺寸的裂纹，压痕小处的裂纹小。试块制作工艺简单，重复性好，使用方便。由于这种试块检测面没有分开，故不便于比较不同渗透检测剂或不同工艺方法灵敏度的优劣。

这种试块的清洗和保存方法同A型试块。

3. 黄铜板镀镍铬层裂纹试块

黄铜板镀镍铬层裂纹试块又称C型试块，其形状如图5-17所示。推荐的尺寸为100 mm×70 mm×4 mm。

黄铜板镀镍铬层裂纹试块的制作步骤如下。

在4 mm厚的黄铜板上截取100 mm×70 mm的试块毛坯磨光，先镀镍，再镀铬，然后在悬臂模上反复进行弯曲，使之形成疲劳裂纹，这些裂纹呈接近于平行的条状分布，最后在垂直于裂纹的方向上开一切槽，使其分成两半，两半的裂纹互相对应。靠模有圆柱面模和非圆柱面模两种，如在半径约为114 mm的圆柱面模上进行弯曲，可得到等距离分布且开口宽度相同的裂纹，如图5-17(a)、(b)所示；如在非圆柱面模具(如悬臂模)上进行弯曲，则裂纹从固定点向外由密逐渐变疏且开口宽度由大逐渐变小，如图5-17(c)、(d)所示。这种试块的裂纹深度由镀铬层的厚度控制，裂纹的宽度可根据弯曲和校直时试块的变形程度来控制。根据不同的电镀槽液电镀工艺技术可制出如下裂纹尺寸：

(1)宽度约2 μm、深度约50 μm的粗裂纹；

(2)宽度约2 μm、深度约30 μm的中等裂纹；

(3)宽度约1 μm、深度为10～20 μm的细裂纹；

(4)宽度约0.5 μm、深度约2 μm的微细裂纹。

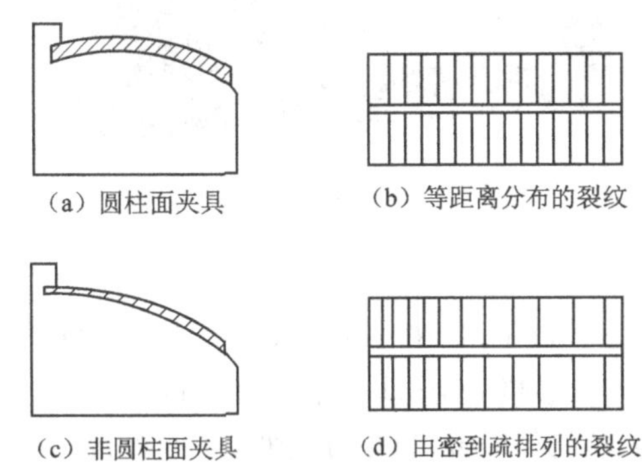

(a) 圆柱面夹具　(b) 等距离分布的裂纹

(c) 非圆柱面夹具　(d) 由密到疏排列的裂纹

图5-17　黄铜板镀镍铬层裂纹试块及弯曲夹具示意图

这种试块的特点是：试块的裂纹尺寸量值范围与渗透检测显示的裂纹极限比较接近，是渗透检测系统性能检验和确定灵敏度的有效工具。它的裂纹尺寸小，可用于高灵敏度渗透检测剂性能的测定；可用于某一渗透检测系统性能的对比试验和校验，也能进行两个渗透检测系统的性能比较；可将试块一分为二而形成两块相匹配的试块(或划分为A、B两区)，用于比较不同的渗透检测工艺。进行对比试验时，不仅要评价缺陷条纹的完整性，还要评价试块上显示的亮度、清晰度和灵敏度。这种试块的裂纹较浅，故易于清洗，不易被堵塞，可多次重复使用。其缺点是试块的镀层表面光洁如镜，使表面多余的渗透剂易于清洗，与实际工件的检验情况差异较大，因而所得出的结论不可等同于在工业检测工件上所获得的结果；试块的制作也比较困难，特别是裂纹尺寸的有效控制更为困难；在制造过程中，不会有两块完全相同裂纹尺寸的试块，在比较两种渗透检测系统时，应予以注意。由于该试块精度要求较高，所以在NB/T 47013.5—2015标准中未列出。

这种试块与ISO 3452-3标准所规定Ⅱ型试块相类似。

试块使用完毕后，应清洗干净，清洗和保存的方法参照A型试块。

4. 自然缺陷试块

由于人工裂纹试块表面粗糙度与实际检验的工件表面粗糙度相差较大，因此试块上的清洗状况和工件上的清洗状况之间的差别也较大。为克服这一缺点，可选择带有自然缺陷的工件与人工裂纹试块一起使用。带有自然缺陷的试块也称为缺陷对比试块，如图5-18所示。

选择自然缺陷试块时,应掌握下列原则:

(1)应选择有代表性的工件作为缺陷试块。

(2)试块上所带的缺陷应有代表性。由于裂纹是最危险的缺陷,因而通常选择带有裂纹的试块。

(3)最好选择带有细小裂纹和其他细小缺陷的试样或试件,同时尽量选择具有浅而宽的开口缺陷的试样或试件。

选择好缺陷试件,应用草图或照片记录好缺陷的位置和大小,以备校验时对照。

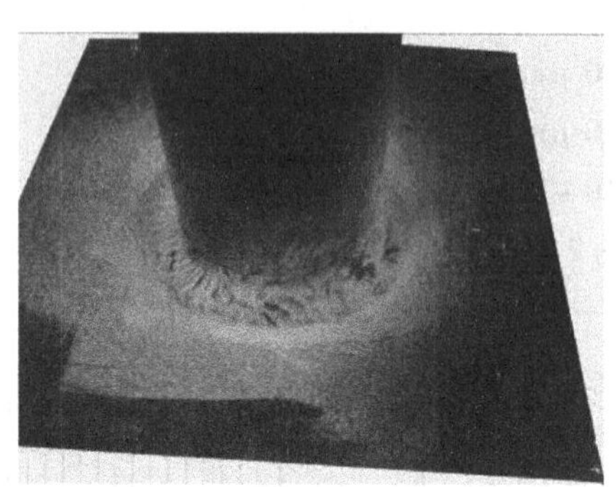

图 5-18　自然缺陷的试块

5. 吹砂钢试块

吹砂钢试块是采用 100 mm×50 mm×10 mm 的退火不锈钢片制成的。在试块的一面,用平均粒度为 100 目的筛子进行吹砂,吹砂喷嘴距试块表面约 450 mm,压缩空气的压力为 0.4 MPa,一直把试块表面吹成毛面状态且底色均匀即可,制好的试块用干净纸包好。

这种试块主要用于渗透剂的清洗性能校验和去除剂的去除性能校验,也可用于校验去除工件表面多余渗透剂的工艺方法是否妥当,如乳化时间的长短、水温及水压的控制等。

6. 组合试块

根据实际需要,可将两种不同的试块组合在一起,构成组合试块,如由普·惠公司研制的 PSM 试块,这种试块也称为渗透系统监控试块,它实际上是由改进的 B 型试块和吹砂钢试块组合而成,如图 5-19 所示。试块分两个区域,半边镀铬,另半边吹砂,在镀铬面上有经硬度计施加不同负荷而形成的 5 处辐射状裂纹区,裂纹区按大小顺序排列,其间距约 25 mm;吹砂面为中等吹砂表面。

图 5-19　PSM 试块

JB/T 6064—2015 标准中把这种试块称为 B 型试块。这种试块主要用于监测渗透检测系统性能的变化,如渗透检测剂的质量和渗透检测工艺监测等。

ISO 3452-3 标准所规定Ⅱ型试块与这种试块相类似,但Ⅱ型试块的可清洗测试区划分为 4 个,其表面粗糙度 Ra 分别为 2.5 μm、5 μm、10 μm 和 15 μm,Ra = 2.5 μm 的区域由吹砂处理制成,其余区域由电渡制备而成。

7. 陶器试块

陶器试块是一种不上釉的陶瓷圆盘片,表面有许多显微裂纹和小孔。使用时在其两面施加不同渗透剂,比较二者显示的小孔数量与着色或荧光亮度。这种试块主要用于比较两种过滤性微粒渗透剂的性能。

第6章

渗透检测操作步骤

不同类型的渗透剂，不同表面多余渗透剂的去除方法与不同的显像方法，可以组成多种渗透检测操作方法。虽然这些方法之间存在不少的差异，但无论何种方法，都是按照下述6个步骤进行的。这六个步骤是：预清洗、渗透、去除表面多余的渗透剂、干燥、显像和检验，如图6-1所示。

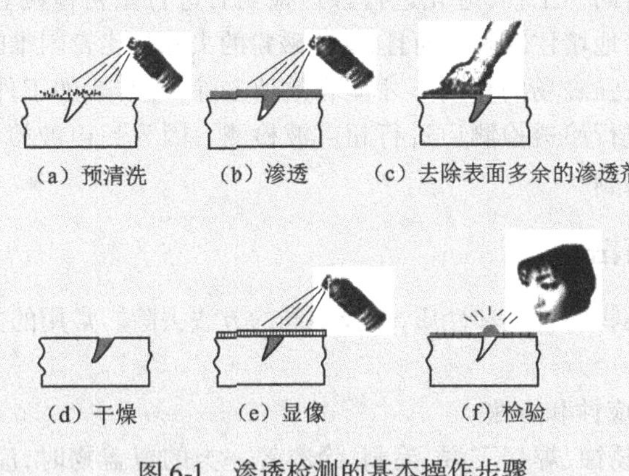

图6-1　渗透检测的基本操作步骤

6.1　表面准备和预清洗

6.1.1　预清洗的意义及清洗范围

渗透检测操作中，最重要的要求之一是使渗透剂能以最大限度渗入工件表面的开口缺陷，以使显示更加清晰，更容易识别。由于工件表面的污物将严重影响这一过程，因此在施加渗透剂之前，必须对被检工件的表面进行预清洗，以除去工件表面的污染物；对局部检测的工件，清洗的范围应比要求检测的范围大，NB/T 47013.5—2015标准规定：准备工件范围应从检测部位四周向外扩展25 mm。总之，预清洗是渗透检测的第一道工序。在渗透检测器材合乎标准要求的条件下，预清洗是保证检测成功的关键。

6.1.2　污染物的种类

被检工件常见的污染物有：铁锈、氧化皮和腐蚀产物；焊接飞溅、焊渣、铁屑和毛刺；油漆及其涂层；防锈油、机油、润滑油和含有有机成分的液体；水和水蒸发后留下的化合物；酸和碱以及化学残留物。

6.1.3 清除污染物的原因

清除污染物的原因如下：

(1)污染物会妨碍渗透剂对工件的润湿，妨碍渗透剂渗入缺陷，严重时甚至会完全堵塞缺陷开口，使渗透剂无法渗入；

(2)缺陷中的油污会污染渗透剂，从而降低显示的荧光亮度或颜色强度；

(3)在荧光检测时，最后是在紫蓝色的背景下显现黄绿色的缺陷影像，而大多数油类在黑光灯照射下都会发光(如煤油、矿物油发浅蓝色光)，从而干扰真正的缺陷显示；

(4)渗透剂易保留在工件表面有油污的地方，从而有可能会把这些部位的缺陷显示掩盖掉；

(5)渗透剂容易保留在工件表面毛刺、氧化物等部位，从而产生不相关显示；

(6)工件表面上的油污被带进渗透剂槽中，会污染渗透剂，降低渗透剂的渗透能力、荧光强度(颜色强度)和使用寿命。

在实际检测过程中，对同一工件，应先进行渗透检测后进行磁粉检测。若先进行磁粉检测后进行渗透检测，磁粉会紧密地堵住缺陷。而且，这些磁粉的去除是比较困难的，对于渗透检测来说，湿磁粉也是一种污染物，在强磁场的作用下才能有效地去除。同样，如工件同时需要进行渗透检测和超声波检测，也应先进行渗透检测后进行超声波检测。因为超声波检测所用的耦合剂，对渗透检测来说，也是一种污染物。

6.1.4 清除污物的方法

表面准备时，应视污染物的种类和性质，选择不同的方法去除。常用的方法如下：

1. 机械方法清理

1)机械方法清理的适应性和方法

当工件表面有严重的锈蚀、焊接飞溅、毛刺、涂料等一类的覆盖物时，应首先考虑采用机械清理的方法，常用的方法包括振动光饰、抛光、干吹砂、湿吹砂、钢丝刷、砂轮磨和超声波清洗等。其中，振动光饰适用于去除轻微的氧化物、毛刺、锈蚀、铸件型砂或模料等，但不适用于铝、镁和钛等软金属材料；抛光适用于去除表面的积碳、毛刺等；干吹砂适用于去除氧化物、焊渣、模料、喷涂层和积碳等；湿吹砂可用于清除比较轻微的沉积物；钢丝刷和砂轮磨适用于去除氧化物、焊剂、铁屑、焊接飞溅和毛刺等；超声波清洗是利用超声波的机械振动，去除工件表面油污，常与洗涤剂或有机溶剂配合使用，适用于小批量工件的清洗。

应注意，涂层必须用化学方法去除，不能用打磨方法去除。

2)机械方法清理应注意的事项

采用机械清洗时，对喷丸、吹砂、钢丝刷及砂轮磨等方法的选用应特别注意。因为这些方法易对工件表面造成损坏，特别是表面经研磨过的工件及软金属材料(如铜、铝、钛合金等)更易受损。同时，这类机械方法还有可能使工件表面层变形，变形发生在缺陷开口处，很可能造成开口闭塞，渗透剂难以涌入。另一方面，采用这些机械方法清理污物时，所产生的金属粉末、砂末等也可能堵塞缺陷，从而造成漏检。所以，经机械处理的工件，一般在渗透检测前应进行酸洗或碱洗。焊接件和铸件吹砂后，可不进行酸洗或碱洗而直接进行渗透检测；精密铸件的关健部件如涡轮叶片，吹砂后必须酸洗方能进行渗透检测。

2. 化学清洗

1)化学清洗的适应性和方法

化学清洗主要包括酸洗和碱洗，酸洗是用硫酸、硝酸或盐酸来清洗工件表面的铁锈(氧化物)；

碱洗是用氢氧化钠、氢氧化钾来清洗工件表面的油污、抛光剂、积碳等,碱洗多用于铝合金。对某些在役的工件,其表面往往会有较厚的结垢、油污、锈蚀等,如采用溶剂清洗,不但不经济而且往往还难以清洗干净。所以,可以先将污物用机械方法清除后,再进行酸洗或碱洗。还有那些经机械加工的软金属工件,其表面的缺陷很可能因塑性变形而被封闭,这时也可以用酸碱浸蚀而使缺陷开口重新打开。部分浸蚀液的配方温度要求中和液及适用范围如表 6-1 所示。

表 6-1　部分浸蚀液配方温度要求中和液及适用范围

浸蚀液配方	温度要求	中和液	适用范围
氢氧化钠 6 g、水 1 L	70 ~ 77 ℃	硝酸 25%、水 75%	铝合金铸件
盐酸 80%、硝酸 13%、氢氟酸 7%	室温		镍基合金
氢氧化钠 10%、水 90%	77 ~ 78 ℃	硝酸 25%、水 75%	铝合金锻件
硝酸 80%、氢氟酸 10%、水 10%		氢氧化铵 25%、水 75%	不锈钢工件
硝酸 10% ~ 20%、氢氟酸 1%、余量水	50 ~ 60 ℃		钛合金
硫酸 100 mL、铬酐 40 g、氢氟酸 10 mL、加水至 1 L			钢工件

2)化学清洗的程序及应注意事项

化学清洗的程序如下:

酸洗(或碱洗)⟶水淋洗⟶烘干。

酸洗(或碱洗)要根据被检金属材料、污染物的种类和工作环境来选择。同时,由于酸、碱对某些金属有强烈的腐蚀作用,因此在使用时,对清洗液的浓度、清洗的时间都应严格控制,以防止工件表面的过腐蚀。高强度钢酸洗时,容易吸进氢,产生氢脆现象。因此,在清洗完毕后,应立即在合适的温度下烘烤一定的时间,以去除氢。另外,无论酸洗或碱洗,都应对工件进行彻底的水淋洗,以清除残留的酸或碱。否则,残留的酸或碱不但会腐蚀工件,而且还能与渗透剂产生化学反应而降低渗透剂的颜色强度或荧光亮度。清洗后还要烘干,以除去工件表面和可能渗入缺陷中的水分。

3. 溶剂清洗

溶剂清洗包括溶剂液体清洗和溶剂蒸气除油等,主要用于清除各类油、油脂及某些油漆。

溶剂液体清洗通常采用汽油、醇类(甲醇、乙醇)、苯、甲苯、三氯乙烷、三氯乙烯等溶剂清洗或擦洗,常用于大工件局部区域的清洗。近几年来,从节约能源及减小环境污染出发,国内外均已研制出一些新型清洗剂和洗洁剂,如金属清洗剂,这些清洗剂对油、脂类物质有明显的清洗效果,并且在短时间内可保持工件不生锈。

溶剂蒸气除油通常是采用三氯乙烯蒸气除油,它是一种最有效又最方便的除油方法。

三氯乙烯是一种无色、透明的中性有机化学溶剂,具有比汽油大得多的溶油能力。加温使其处于蒸气状态时,溶油能力更强,是一种极好的除油剂。三氯乙烯沸点为86.7 ℃,蒸气密度可达4.54 g/L,易形成蒸气区进行蒸气除油。这种除油方法操作简便,只需将工件放入蒸气区中,三氯乙烯蒸气便迅速在工件表面冷凝,从而将工件表面的油污溶解掉。在除油过程中,工件表面温度不断上升,当达到沸点时,除油也就结束了。

由于三氯乙烯在使用过程中受热、光、氧的作用易分解而呈酸性,因此使用中要经常测量酸度值,避免三氯乙烯因呈酸性而腐蚀工件。钛合金工件容易与卤族元素起作用,产生腐蚀裂纹。因此,当采用三氯乙烯对钛合金工件进行除油时,必须添加特殊抑制剂,并且在去除前必须进行热处理,以消除应力。此外,橡胶、塑料或油漆的工件不能采用三氯乙烯进行除油。因为这些工件会受到三氯乙烯的破坏。铝、镁合金工件在除油后,容易在空气中腐蚀,应尽快浸入渗透剂中。需要注意的是,工件表面上水的污染是极其有害的。对水洗型渗透剂,虽然它与水能相溶,但它存在一个溶水极限,超过这个极限,渗透剂的性能会明显下降。三氯乙烯蒸气除油法不仅能有效地去除油污,还能加热工件,保证工件表面和缺陷中水分蒸发干净,有利于渗透剂的渗入。

6.2 渗　　透

6.2.1 渗透检测的目的

渗透是把渗透剂覆盖在被检工件的检测表面,让渗透剂能充分地渗入到表面开口的缺陷中。

6.2.2 渗透剂的施加方法

渗透剂的常用施加方法有浸涂法、喷涂法、刷涂法和浇涂法等,可根据工件的大小、形状、数量和检查的部位来选择。

(1)浸涂法:把整个工件全部浸入渗透剂中进行渗透,这种方法渗透充分,渗透速度快、效率高,适用于大批量的小工件的全面检查。

(2)喷涂法:可采用喷罐喷涂、静电喷涂、低压循环泵喷涂等方法,将渗透剂喷涂在被检部位的表面。喷涂法操作简单,喷洒均匀,机动灵活,适于用大工件的局部检测或全面检测。

(3)刷涂法:采用软毛刷或棉纱布、抹布等将渗透剂刷涂在工件表面。刷涂法机动灵活,适用于各种工件,但效率低,常用于大型工件的局部检测和焊接接头检测,也适用于中小工件小批量检测。

(4)浇涂法:也称流涂法,是将渗透剂直接浇在工件表面,适用于大工件的局部检测。

6.2.3 施加渗透剂时的基本要求

无论采用何种施加方法,都应保持被检测部位完全被渗透剂所覆盖,并在整个渗透时间内保持润湿状态,不能让渗透剂干在工件表面,否则渗透剂将失去渗透作用并造成以后的清洗困难。

对有盲孔或内通孔的工件,渗透前应尽可能将孔洞口用橡皮塞塞住或用胶纸粘住,防止渗透剂渗入而造成清洗困难。

6.2.4 渗透时间及温度控制

渗透时间是指施加渗透剂到开始乳化处理或清洗处理之间的时间,包括滴落(采用浸涂法时)的时间,具体是指施加渗透剂的时间和滴落时间的总和。采用浸涂法施加渗透剂后需要进行滴落,以减少渗透剂的损耗,也减少渗透剂对乳化剂的污染。因为渗透剂在滴落的过程中仍继续保留渗透作用。所以,滴落时间是渗透时间的一部分,渗透时间又称接触时间或停留时间。

渗透时间的长短应根据工件和渗透剂的温度、渗透剂的种类、工件的种类、工件的表面状态、预期检出的缺陷大小和缺陷的种类来确定。渗透时间要适当,不能过短,也不宜太长。如果时间过短,则渗透剂渗入不充分,缺陷不易检出;如果时间过长,则渗透剂易于干涸,清洗困难,灵敏度低,工作效率也低。一般规定:温度在 10 ~ 50 ℃范围时,渗透时间大于 10 min。对于某些微小的缺陷,如腐蚀裂纹,所需的渗透时间较长,有时可以达到几小时。

渗透温度一般控制在 10 ~ 50 ℃范围内,温度过高,渗透剂容易干在工件表面,给清洗带来困难;同时,渗透剂受热后,某些成分蒸发,会使其性能下降。温度太低,将会使渗透剂变稠,使动态渗透参量受到影响。因此,必须根据具体情况适当增加渗透时间,或把工件和渗透剂预热至 10 ~ 50 ℃的范围,然后再进行渗透。NB/T 47013—2015 标准规定:在 10 ~ 50 ℃范围内,渗透时间一般不少于 10 min。当温度不能满足上述条件时,应按标准对操作方法进行鉴定。

为提高渗透检测灵敏度,施加渗透剂前,可将工件预热到 60 ℃左右。预热时,所使用的时间和温度不应对工件产生有害的影响。

6.3 去除表面多余的渗透剂

6.3.1 去除表面多余渗透剂的目的和要求

将被检工件表面多余的渗透剂去除干净,是为了达到改善背景,提高信噪比的目的。在理想状态下,应当全部去除工件表面多余的渗透剂而保留已渗入缺陷内的渗透剂,但实际上,这是较难做到的。因此,检验人员应根据检查的对象,尽力改善工件表面的信噪比,提高检验的可靠性,多余渗透剂去除的关健是保证不过洗而又不能清洗不足,这一步骤在一定程度上依赖操作者的经验。

6.3.2 去除表面多余渗透剂的方法和注意事项

水洗型渗透剂可直接用水去除;亲油性后乳化渗透剂应先乳化,然后再用水去除;亲水性后乳化渗透剂应先进行预水洗,然后乳化,最后再用水去除;溶剂清洗型渗透剂用溶剂擦拭去除。

1. 水洗型渗透剂的去除

水洗型渗透剂的去除主要有四种方法,即手工水喷洗、手工水擦洗、自动水喷洗和空气搅拌水浸洗。其中,空气搅拌水浸洗法仅适于对灵敏度要求不高的检测。

采用手工水喷洗和自动水喷洗时,宜采用 20 ℃左右的水喷洗,原则上水温不宜低于 10 ℃,也不宜高于 40 ℃,水压不得大于 0.27 MPa,喷枪嘴与工件表面的间距不小于 300 mm;如采用气-水混合喷洗,空气压力应不大于 0.17 MPa。喷洗时,既不能采用实心水流冲洗,更不能将工件浸泡于水中。水洗型荧光渗透剂用水喷洗,应由下往上进行,避免留下一层难以去除的荧光薄膜。水洗型渗透剂中含有乳化剂,如水洗时间过长、水洗温度过高、水压过高都有可能把缺陷中的渗透剂清洗掉,造成过清洗。水洗时间得到合格背景前提下,愈短愈好。水洗时应在白光下(着色渗透剂)或黑光(荧光渗透剂)下监视进行。采用手工水擦洗时,首先用清洁而不起毛的擦拭物(棉纱、纸等)擦去大部分多余渗透剂,然后用被水润湿的擦拭物擦拭,最后将工件表面用清洁而干燥的擦拭物擦干,或者自然风干。应当注意:擦拭物只能用水润湿,不能过饱和,以免造成过清洗。

2. 后乳化型渗透剂的去除

后乳化型渗透剂需要经乳化处理以后才能用水清洗,乳化处理是使亲油性渗透剂被乳化,遇水形成乳化液而被水清洗掉，缺陷处的渗透剂由于未被乳化而保留完好。

亲水性后乳化渗透剂去除时，采用亲水性乳化剂，其去除程序是：

预水洗——→乳化——→最终水洗

在乳化前，先用水预清洗，尽可能去除附着于被检工件表面的多余渗透剂，以减少乳化量，同时也可减少渗透剂对乳化剂的污染，延长乳化剂的寿命。可采用压缩空气/水喷枪或浸入水中清洗等措施进行预水洗。对水基乳化剂，一般采用水喷法清除多余渗透剂，但水压一般不超过0.34 MPa，水温不超过40 ℃，时间应控制在尽量短的范围内。预清洗时，应特别注意工件上的凹槽、盲孔和内腔等容易保留渗透剂等部位。

预清洗后再进行乳化，施加乳化剂时要力求均匀，只能用浸涂、浇涂和喷涂。不能用刷涂，因为刷涂不均匀，乳化时间也不易控制，还有可能将乳化剂带进缺陷而引起过乳化。

工件从乳化槽中取出后，应进行滴落，滴落时间是乳化时间的一部分，即乳化时间等于施加乳化剂的时间和滴落时间的总和。

亲油性后乳化渗透剂的去除应采用亲油性乳化剂，工艺程序与亲水性后乳化渗透剂的去除工艺程序和操作上略有不同，渗透完毕后，不需要预水洗而直接施加乳化剂；施加乳化剂时，只能用浸涂和浇涂，不能用喷涂，因为亲油性乳化剂黏度太大；在浸涂乳化剂过程中，不应翻动工件和搅动工件表面的乳化剂。

乳化剂的浓度对乳化效果有很大影响，乳化剂的使用浓度应符合材料生产厂家的推荐值。乳化时间对乳化效果也有很大的影响，乳化时间太短，会因乳化不足而清洗不干净；时间过长，易引起过乳化，使灵敏度降低。原则上，乳化时间应尽量短。乳化时间取决于乳化剂的性能、乳化剂的浓度、乳化剂受污染的程度、渗透剂的种类以及工件表面的粗糙度，因此，必须根据具体情况，通过实验选择最佳的乳化时间。也可以采用材料生产厂家推荐的乳化时间。

乳化温度的控制也很重要，温度太低，乳化能力下降，可加温后使用。原则上乳化温度应根据乳化剂制造厂推荐的温度，一般在21～32 ℃的范围内，使用效果较好。

乳化完成后，应马上浸入温度不超过40 ℃搅拌水中清洗，以迅速停止乳化剂的乳化作用，最后再进行最终水洗。最终水洗应在白光或黑光下进行，以控制清洗质量，若发现清洗不干净，说明乳化时间不足，此时应进行烘干，重新进行渗透检测的全过程，并增加乳化时间，以达到合格的清洗背景；但对要求不高的工件检测，可直接将工件再次浸入乳化剂中补充乳化，以减少背景。只要乳化时间合适，最终水洗可按水洗型渗透剂的去除方法进行，虽不必像水洗型渗透剂所要求的那样严格，但仍应在尽量短的时间内清洗完毕。

3. 溶剂去除型渗透剂的去除

先用不脱毛的布或纸巾擦拭工件表面多余渗透剂，然后再用沾有去除剂的干净不脱毛的布或纸巾将被检表面上多余的渗透剂全部擦净。擦拭时必须注意：应按一个方向擦拭，不得往复擦拭；擦拭用的布或纸巾只能用去除剂润湿，不能过饱和，更不能用清洗剂直接在被检面上冲洗，因为流动的溶剂会冲掉缺陷中的渗透剂，造成过清洗；去除时应在白光（着色渗透检测）或黑光（荧光渗透检测）下监视去除的效果。

6.3.3 去除方法与从缺陷中去除渗透剂的可能性的关系

去除方法与从缺陷中去除渗透剂的可能性的关系如图6-2所示。可以看出，用不粘有有机溶剂的干布擦拭时，缺陷内的渗透剂保留最好；后乳化型渗透剂的乳化去除法较好；水洗型渗透剂的水洗去除法较差；有机溶剂冲洗去除法最差，缺陷中的渗透剂被有机溶剂洗掉最多。

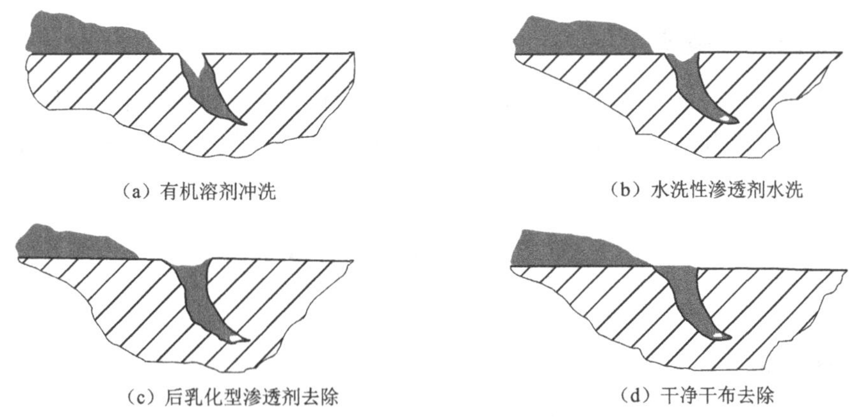

图 6-2 去除方法与从缺陷中去除渗透剂的可能性的关系

在去除操作过程中，如果出现欠洗现象，则应采取适当措施，增加清洗去除，使荧光背景或着色底色达到标准；或重新处理，即从预清洗开始，重新进行渗透、乳化、清洗去除及显像等操作。如果出现过乳化过清洗现象，则必须进行重新处理。

6.4 干　　燥

6.4.1 干燥的目的和时机

干燥的目的是除去工件表面的水分，使渗透剂能充分地渗入缺陷或被回渗到显像剂上。

干燥的时机与表面多余渗透剂的清除方法和所使用的显像剂密切相关。当采用溶剂去除工件表面多余的渗透剂时，不必进行专门的干燥处理，只需自然干燥 5～10 min。用水清洗的工件，如采用干粉显像或非水基湿式显像剂（如溶剂悬浮型湿显像剂），则在显像之前，必须进行干燥处理。若采用水基湿式显像剂（如水悬浮型显像剂），水洗后直接显像，然后再进行干燥处理。

6.4.2 干燥的常用方法

干燥的常用方法有干净的布擦干、压缩空气吹干、热风吹干、热空气循环烘干装置烘干等。实际应用中，常将多种干燥方法结合起来使用。例如，对于单件或小批量工件，经水洗后，可用干净的布擦去表面明显的水分，再用经过过滤的清洁干燥的压缩空气吹去工件表面的水分，尤其要吹去盲孔、凹槽、内腔及可能积水部位的水分，然后再放进热空气循环干燥装置中干燥，这样做不但效果好，而且效率高。

6.4.3 干燥的时间和温度控制

干燥时要注意温度不要过高，时间也不宜过长，否则会将缺陷中的渗透剂烘干，造成施加显像剂后，缺陷中的渗透剂不能被回渗到工件表面，从而不能形成缺陷显示，使检测失败。允许的最高干燥温度与工件的材料和所用的渗透剂有关。正确的干燥温度应通过实验确定，干燥时间越短越好，干燥时间与工件材料、尺寸、表面粗糙度、工件表面水分的多少、工件的初始温度和烘干装置的温度有关，与干燥的工件数量无关。NB/T 47013.5—2015 标准规定，干燥温度一般不得超过 50℃，干燥时间不得超过 10 min。

6.4.4 干燥的注意事项

干燥时，还应注意工件筐、吊具上的渗透检测剂以及操作者手上的油污等对工件的污染，以免产生虚假的显示或掩盖显示。为防止污染，应将干燥前的操作和干燥后的操作隔离开来。

6.5 显　像

6.5.1 显像过程

显像过程是指在工件表面施加显像剂，利用吸附作用和毛细作用原理使缺陷中的渗透剂回渗到工件表面，从而形成清晰可见的缺陷显示图像的过程。

6.5.2 显像方法

常用的显像方法有干式显像、非水基湿式显像、水基湿式显像和自显像等。

1. 干式显像

干式显像也称干粉显像，主要用于荧光法，它是在清洗并干燥后的工件表面上通过施加干粉显像剂来实现缺陷显示的，施加的时机应在干燥后立即进行，因为热工件能得到较好的显像效果。施加干粉显像剂的方法有许多，可采用喷枪或静电喷粉显像，也可采用将工件埋入干粉中显像，但最好的方法是采用喷粉柜进行喷粉显像。这种方法是将工件放置于喷粉柜中，用经过滤的干净干燥压缩空气或风扇，将显像粉吹扬起来，呈粉雾状，将工件包围住，在工件上均匀地覆盖一薄层显像粉。一次喷粉可显像一批工件。经干粉显像的工件在检查后，其上显像粉的去除很容易。

2. 非水基湿式显像

非水基湿式显像一般采用压力喷罐喷涂，喷涂前，必须摇动喷罐中的珠子，使显像剂搅拌均匀，喷涂时要预先调节，调节到边喷涂边形成显像薄膜的程度；喷嘴距被检表面的距离为 300 ~ 400 mm，喷涂方向与被检面的夹角为 30° ~ 40°。非水基湿式显像有时也采用刷涂和浸涂。刷涂时，所用的刷笔要干净，一个部位不允许往复刷涂多次；浸涂时要迅速，以免缺陷内的渗透剂被浸蚀掉。实际操作时，喷显像剂前，一定要在工件检验部位以外试好后再喷到受检部位，以保证显像剂喷洒均匀。

3. 水基湿式显像

水基湿式显像可采用浸涂、流涂或喷涂等方法。在实际应用中，大多时候采用浸涂。在施加显像剂之前，应将显像剂搅拌均匀，涂覆后，要进行滴落，然后再放在热空气循环干燥装置中干燥。干燥的过程就是显像的过程。对悬浮型水基湿式显像剂，为防止显像剂粉末沉淀，在浸涂过程中，还应不定时地搅拌。

4. 自显像

对一些灵敏度要求不高的检验，如铝、镁合金砂型铸件，陶瓷件等的缺陷检验，常采用自显像法检验工艺，即在干燥后，不进行显像，停留 10 ~ 20 min，待缺陷中渗透剂回渗至工件表面后再进行检查。为保证足够的灵敏度，通常采用较高一等级的渗透剂，并在较强的黑光灯下检验。自显像法省略显像过程，简化了工艺，节约了检验费用。同时，因观察到的缺陷显示与真实缺陷的尺寸相仿，无放大现象，所以测定的缺陷尺寸精度较高。

6.5.3 显像的时间和温度控制

显像时间和温度应控制在规定的范围内,显像时间不能太长,也不能太短。显像时间太长,会造成缺陷显示被过度放大,使缺陷图像失真,降低分辨率;显像时间过短,缺陷内渗透剂还没有被回渗出来形成缺陷显示,将造成缺陷漏检。所谓显像时间,在干式显像中,是指从施加显像剂到开始观察的时间;在湿式显像中,是指从显像剂干燥到开始观察的时间。显像时间与荧光强度有关,二者的关系如图 6-3 所示。从图中可看出,在开始显像时,缺陷显示的荧光强度随显像时间的增加而增加,并在10 min 左右时达到最佳点。此后,随着时间的增加荧光强度逐渐下降。综上所述,显像时间必须严加控制。显像时间取于渗透剂和显像剂的种类、缺陷大小以及被检件的温度。NB/T 47013.5—2015 标准规定:显像时间一般不少于 7 min;采用自显像时,停留时间最短 10 min,最长 2 h。

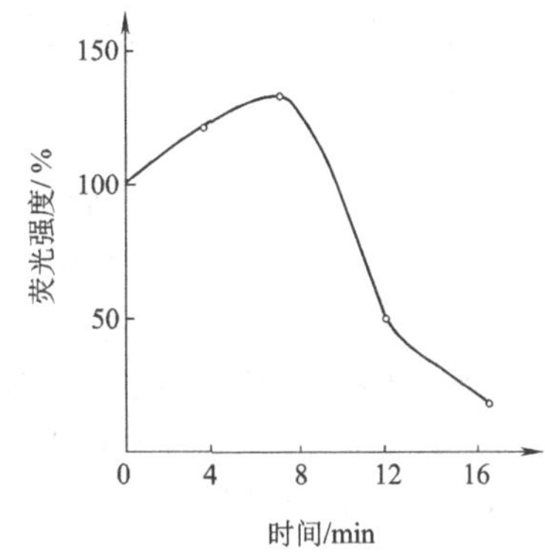

图 6-3 显像时间与荧光强度的关系

6.5.4 显像剂覆盖层的控制

施加显像剂时,应使显像剂在工件表面上形成圆滑均匀的薄层,并以能覆盖工件底色为度,不要使显像剂覆盖层过厚或过薄。如太厚,则会把显示掩盖起来,降低检测灵敏度;如太薄,则不能形成显示。

6.5.5 干式显像和湿式显像比较

干式显像和湿式显像相比,干式显像只附着在缺陷部位,即使经过一段时间后,缺陷轮廓图形也不散开,仍能显示出清晰的图像,所以使用干式显像时,可以分辨出相互接近的缺陷。另外,通过缺陷的轮廓图形进行等级分类时,误差也较小。相反,湿式显像后,如放置时间较长,缺陷显示图形会扩展开来,形状和大小都会发生变化,但湿式显像易于吸附在工件表面上形成覆盖层,有利于形成缺陷显示并提供良好的背景,对比度较高。

6.5.6 显像剂的选择原则

渗透剂不同,工件表面状态不同,所选择的显像剂也不同。就荧光渗透剂而言,光洁表面应优先选用溶剂悬浮显像剂;粗糙表面应优先选用干式显像剂;其他表面优先选用溶剂悬浮显像剂,然后是干式显像剂,最后考虑水悬浮显像剂。就着色渗透剂而言,任何表面状态,都应优先选用溶剂悬浮显像剂,其次选择水悬浮显像剂。

6.6 观　　察

显像以后要进行观察,对显示应进行解释,判断其真伪,对判定为缺陷的显示,应测定其尺寸、位置等。

6.6.1 对观察时机的要求

缺陷显示的观察应在施加显像剂之后 7 ~ 60 min 时间内进行。如缺陷显示的大小不发生变化，则可超过上述时间，甚至可达到几小时。为确保任何缺陷显示在其未被扩展得太大之前得到检查，可在 7 min 前进行观察，对缺陷进行准确定性。

6.6.2 观察时对光源的要求

检验时，工作场地应保持足够的照度，这对于提高工作效率，使细微的缺陷能被观察到，确保检测灵敏度是非常重要的。

着色检测应在白光下进行，缺陷显示为红色图像，NB/T 47013.5—2015 标准规定：通常工件被检面白光照度应大于或等于 1 000 lx；当现场采用便携式设备检测，由于条件所限无法满足时，可见光照度可以适当降低，但不得低于 500 lx。试验测定：80 W 荧光灯管在距光源 1 m 处照度约为 500 lx。

荧光检测应在暗室内的紫外线灯下进行观察，缺陷显示为明亮的黄绿色图像。为确保足够的对比率，要求暗室应足够暗，暗室内白光照度不应超过 20 lx，被检工件表面的黑光照度应不低于 1 000 $\mu W/cm^2$；如采用自显像工艺，则应不低于 3 000 $\mu W/cm^2$。检验台上应避免放置荧光物质，因为在黑光灯下，荧光物质发光会增加白光的强度，影响检测灵敏度。

6.6.3 观察的注意事项

观察的注意事项如下。

(1)检验人员进入暗室后，在检验工件前，应至少有 3 min 的暗室适应时间，使眼睛适应暗室的条件。在暗室里检验，检验人员很容易疲劳，这就要求检验人员在暗室里连续检验的时间不能太长，否则会影响缺陷的检出率。检验时，黑光不能直接照射到检验员的眼睛，虽然黑光对人的细胞组织和眼睛没有永久性的伤害，但黑光可使人的眼球发荧光，人眼被照射后，会出现模糊的感觉，加速检验人员眼睛的疲劳，从而影响检验的质量。

(2)检验人员在观察过程中，发现缺陷显示需要判断其真伪时，可用干净的布或棉球蘸一些酒精，擦拭显示部位，如果被擦去的是真实的缺陷显示，则擦拭后，显示能再现，此时撒上少许的显像粉末，可放大缺陷显示，提高微小缺陷的重现性；如果擦去后显示不再重现，一般是虚假显示，但一定要重新进行渗透检测操作，确定其真伪。对于特别细小或仍有怀疑的显示，可用 5 ~ 10 倍放大镜进行放大辨认，但不能戴影响观察的有色眼镜。若因操作不当，真伪缺陷实在难以辨认时，应重复全过程进行重新检测。确定为缺陷显示后，还要确定缺陷的性质、长度和位置。

(3)检验后，工件表面残留的渗透剂和显像剂，都应去除。钢制工件只需用压缩空气吹去显像粉末即可，但对铝、镁、钛合金工件，则应保护好表面，不能被腐蚀，可在煤油中清洗。

(4)渗透检测一般不能确定缺陷的深度，但因为深的缺陷所回渗的渗透剂多，故有时可根据这一现象粗略地估计缺陷的深浅。检验完毕后，对受检工件应加以标识。标识的方式和位置对受检工件没有影响。实际考核时一定记录下缺陷的位置、长度和条数。

6.7 后 清 洗

6.7.1 后清洗的目的

工件检测完毕后，应进行后清洗，以去除对以后使用有影响或对工件材料有害的残留物。这些渗透检测残留物越早去除影响越小，也更容易。

显像剂层会吸收或容纳促进腐蚀的潮气，可能造成腐蚀，并且影响后续处理工序。对于要求返修的焊接接头，渗透检测残留物会对焊接区域造成危害。

6.7.2　后清洗操作方法

后清洗操作方法如下：

（1）干式显像剂可粘在湿渗透剂或其他液体物质的地方，或滞留在缝隙中，可用普通自来水冲洗，也可采用压缩空气吹等方法去除。

（2）溶剂悬浮显像剂的去除，可先用湿毛巾擦，然后用干布擦，也可直接用清洁干布或硬毛刷擦；对于螺纹、裂缝或表面凹陷，可用加有洗涤剂的热水喷洗，超声清洗效果更好。

（3）后乳化渗透检剂的去除，如果数量很少，则运用乳化剂乳化，而后用水冲洗的方法去除显像剂涂层及滞留的渗透剂是有效的。

（4）碳钢渗透检测清洗时，水中应添加硝酸钠或铬酸钠化合物等防腐剂，清洗后还应用防锈油防锈。

（5）镁合金材料很容易被腐蚀，渗透检测后清洗时，常需要用铬酸钠溶液处理。

6.8　典型的渗透检测程序图解

下面以图解形式，介绍对焊接试板采用ⅡC-d 方法进行渗透检测的流程。

6.8.1　表面准备

可采用钢刷、砂轮等工具对受检部位进行清理，工件被检表面不得有影响渗透检测的铁锈、氧化皮、焊接飞溅、铁屑、毛刺以及各种防护层等影响检测的污物，如图 6-4 所示。

图 6-4　表面准备

6.8.2　预清洗

用清洗剂或有机溶剂对检测部位进行清洗，检测部位的表面状况在很大程度上影响着渗透检测的检测质量。因此，在进行表面准备之后，应进行预清洗，以去除检测表面的污垢，如图 6-5 所示。清洗时，可采用溶剂、洗涤剂等进行。

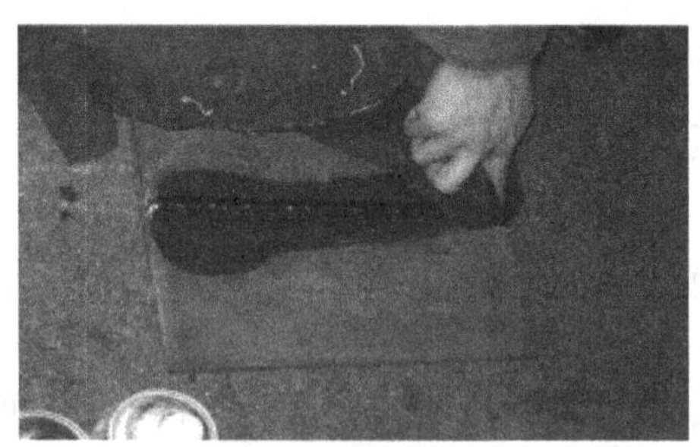

图 6-5　预清洗

6.8.3　干燥

清洗后,检测面上遗留的溶剂和水分等必须干燥,且应保证在施加渗透剂前不被污染。可采用自然干燥,也可采用干布擦干,如图 6-6 所示。

图 6-6　干燥

6.8.4　施加渗透剂

采用喷的方法施加渗透剂,在渗透时间内保证检测面润湿状态并使检测面完全被渗透剂覆盖,可采用多施加渗透剂的方法保证检测面被渗透剂完全覆盖,如图 6-7 所示。渗透温度在 10 ~ 50 ℃的条件下,渗透剂持续时间一般不应少于 10 min。

可采用在渗透时间内补充施加渗透剂来保证受检表面被渗透剂的润湿,如图 6-8 所示。

图 6-7　施加渗透剂

图 6-8　补充施加渗透剂

6.8.5　去除多余的渗透剂

应先用干燥、洁净不脱毛的布依次擦拭，直至大部分多余渗透剂被去除，如图 6-9 所示。但应注意，不得往复擦拭。

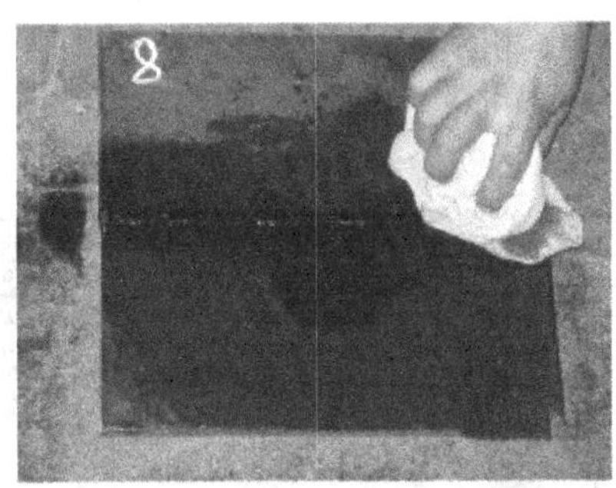

图 6-9　用干布擦拭多余渗透剂

再用喷有清洗剂（或有机溶剂）的布沿一个方向擦拭，不得往复擦拭，直至将被检面上多余的渗透剂全部擦净，如图 6-10 所示。不能将清洗剂直接喷在检测面上清洗。

图 6-10　用喷有清洗剂的布将多余渗透剂擦净

清洗后可采用自然干燥，不能让检测面上有溶剂或污物，以免影响显像，如图 6-11 所示。

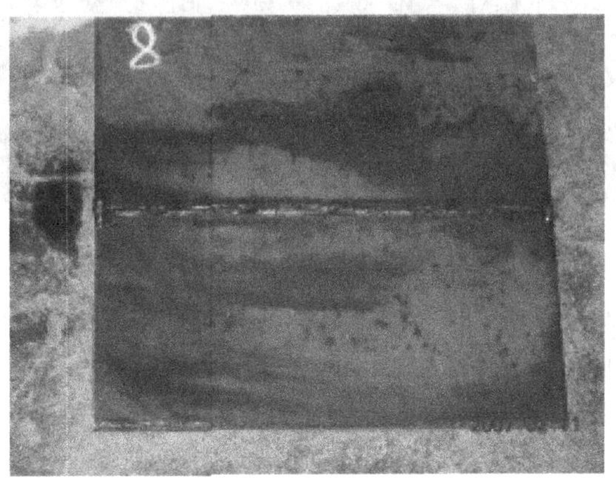

图 6-11　自然干燥

6.8.6 施加显像剂

显像剂采用喷涂的方法施加，使用前应，使显像剂将显像剂罐中的弹珠摇动开充分搅拌均匀。喷显像剂前可在检测部位外试好喷射距离和角度，然后再喷到检测部位。喷涂显像剂时，喷嘴离被检面距离为300～400 mm，喷涂方向与被检面夹角为30°～40°，以保证显像剂层薄而均匀，如图6-12所示。不能在同一部位反复多次施加，不能在检测面上倾倒显像剂。

可采用自然干燥的方法干燥，干燥时间通常为5～10 min，如图6-13所示。

图6-12　喷显像剂

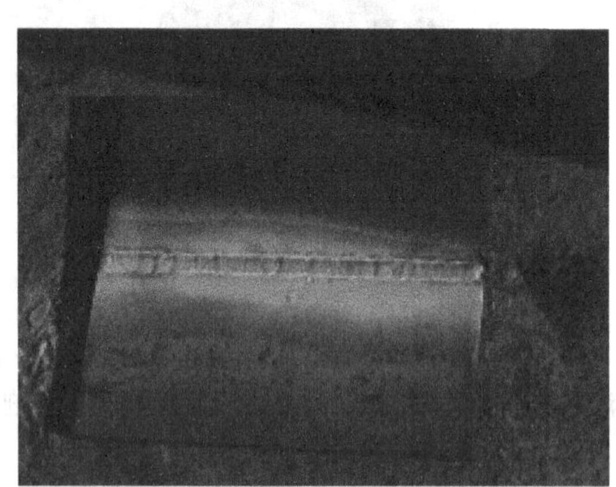

图6-13　自然干燥

6.8.7 显像观察

显像观察应在显像剂施加后7～60 min内进行，如图6-14所示。如缺陷显示的大小不发生变化，也可超过上述时间，必要时遵照说明书的要求或试验结果进行操作。

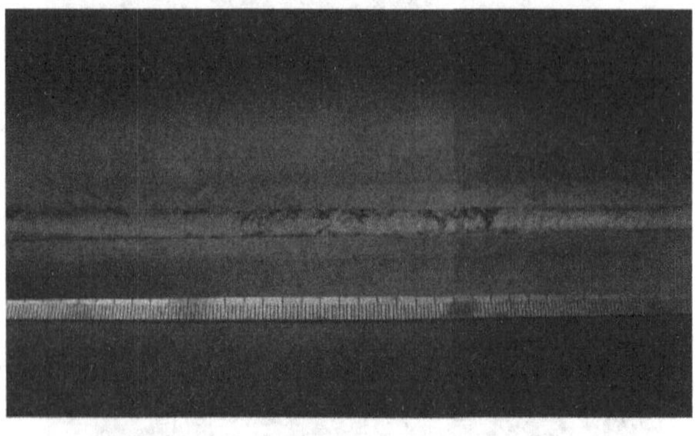

图6-14　显像观察

着色渗透检测时，缺陷显示的评定应在白光下进行，通常工件被检部位白光照度应大于或等于1 000 lx；当现场采用便携式设备检测，由于条件所限无法满足时，可见光照度可以适当降低，但不得低于500 lx。

6.8.8 记录评定

缺陷的显示记录可采用照相、录相和可剥性塑料薄膜等方式记录，如图 6-15 所示。

测量标识准确后，采用记录或照相的方法进行记录标识，如图 6-16 所示。

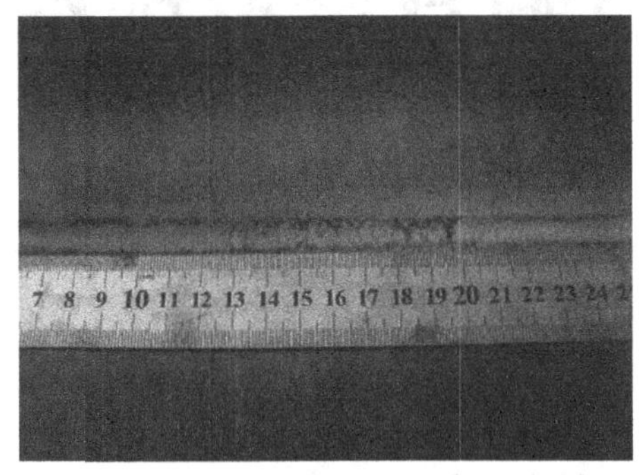

图 6-15　记录缺陷显示

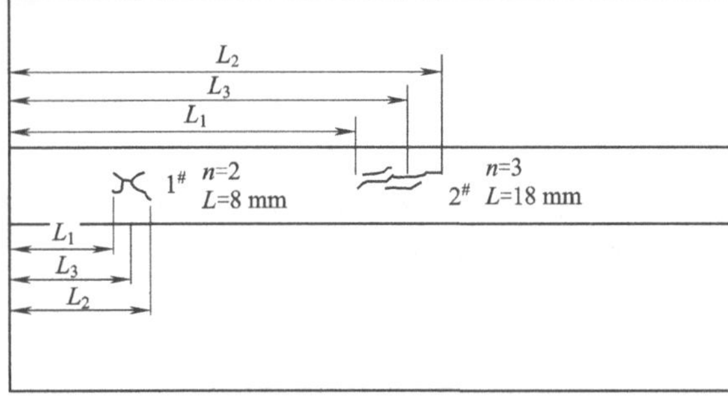

图 6-16　记录标识

图中：$1^{\#}$为 1 号缺陷，$2^{\#}$为 2 号缺陷，L_1 为缺陷左侧距标准线的距离，L_3 为最大缺陷距标准线的距离，L_2 为缺陷右侧距标准线的距离，n 为每处缺陷的条数，L 为每处缺陷中最长缺陷长度。

6.8.9 后清洗

工件检测完毕应进行后清洗，采用布或清洗剂（或有机溶剂和水）将检测面上的显像剂清洗掉，以去除对以后使用或对工件材料有害的残留物，如图 6-17 所示。

图 6-17　后清洗

第 7 章 渗透检测方法及选择

常用渗透检测方法有水洗型渗透检测法、后乳化型渗透检测法和溶剂去除型渗透检测法等。此外,还有一些特殊的渗透检测法。

7.1 水洗型渗透检测法

7.1.1 水洗型渗透检测法的操作流程

水洗型渗透检测法包括水洗型着色法(ⅡA)和水洗型荧光法(ⅠA),是目前广泛使用的方法之一,工件表面多余的渗透剂可直接用水冲洗掉。

水洗型渗透检测法的操作流程如图 7-1 所示。

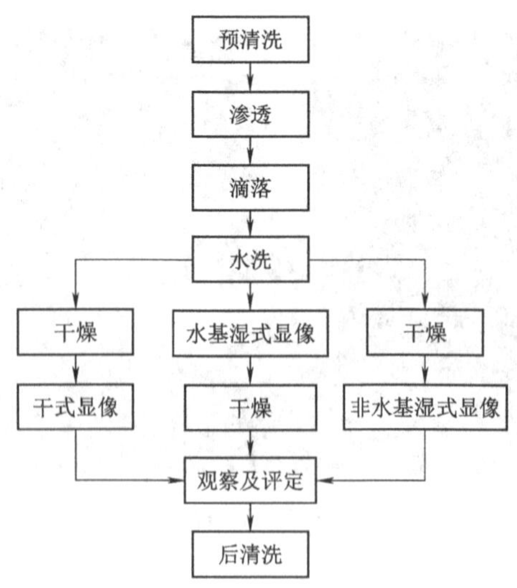

图 7-1 水洗型渗透检测法的操作流程

水洗型渗透检测法适用于灵敏度要求不高、工件表面粗糙度较大、带有键槽或盲孔的工件和大面积工件的检测,如锻件、铸件毛坯阶段和焊接件等的检验。工件的状态不同,预检测的缺陷种类不同,所需渗透时间也不同。水洗型荧光渗透检测推荐的渗透时间见表 7-1,也可供水洗型着色渗透检测参考。实际渗透检测时,需要根据所使用的渗透剂类型,检测灵敏度要求等具体制定,或采用制造厂推荐的渗透时间。不同的材料和不同的缺陷,渗透时间不同,显像时间也不同,所以渗透检测实际操作过程中,显像时间也要区别对待。

表 7-1 水洗型荧光渗透检测推荐的渗透时间(16 ~ 28 ℃)

材　料	状　态	缺陷类型	渗透时间/min
铝、镁	铸件	气孔、裂纹、冷隔	5 ~ 15
	锻件	裂纹	15 ~ 30
		折叠	30
	焊接接头	未焊透、气孔、裂纹	30
	各种状态	疲劳裂纹	30
不锈钢	铸件	气孔、裂纹、冷隔	30
	锻件	裂纹、折叠	60
	焊接接头	未焊透、气孔、裂纹	60
	各种状态	疲劳裂纹	60
黄铜	铸件	气孔、裂纹、冷隔	10
青铜	锻件	裂纹	20
		折叠	30
	焊接接头	裂纹	10
		未焊透、气孔	15
	各种状态	疲劳裂纹	30
塑料	各种状态	裂纹	5 ~ 30
玻璃	玻璃与金属封严	裂纹	30 ~ 120
硬质合金刀头	焊接刀头	未焊透、气孔	30
		磨削裂纹	10
钨丝	各种状态	裂纹	60 ~ 1 440
钛和高温合金	各种状态	各种缺陷	不推荐使用

7.1.2 水洗型渗透检测法的优点

水洗型渗透检测法的优点如下。

(1)对荧光渗透检测,在黑光灯下,缺陷显示有明亮的荧光和高的可见度;对着色渗透检测,在白光下,缺陷显示出鲜艳的颜色。

(2)表面多余的渗透剂可以直接用水去除,相对于后乳化型渗透检测方法,具有操作简便,检测费用低等特点。

(3)检测周期较其他方法短。能适应绝大多数类型的缺陷检测。如使用高灵敏度荧光渗透剂,可检出很细微的缺陷。

(4)较适用于表面粗糙的工件的检测,也适用于螺纹类工件、窄缝和工件上有键槽、盲孔内缺陷等的检测。

7.1.3 水洗型渗透检测的缺点

水洗型渗透检测的缺点如下：

(1)灵敏度相对较低，对浅而宽的缺陷容易漏检。

(2)重复性差，不宜在复检的场合使用。

(3)如清洗方法不当，易造成过清洗。例如，水洗时间过长、水温高、水压大、都可能会将缺陷中的渗透剂清洗掉，降低缺陷的检出率。

(4)渗透剂的配方复杂。

(5)抗水污染的能力弱。特别是渗透剂中的含水量超过容水量时，会出现混浊、分离、沉淀及灵敏度下降等现象。

(6)酸的污染将影响检验的灵敏度，尤其是铬酸和铬酸盐的影响很大。这是因为铬酸和铬酸盐在没有水存在的情况下，不易与渗透剂的染料发生化学反应；但当水存在时，易与渗透剂的染料发生化学反应，而水洗型渗透剂中含有乳化剂，易与水混溶。

 7.2 后乳化型渗透检测法

7.2.1 后乳化型渗透检测法的操作程序

后乳化型渗透检测法因为有较高的灵敏度而被广泛地使用，其操作程序可分为亲水性后乳化型渗透检测法和亲油性后乳化型渗透检测法。

亲水性后乳化型渗透检测法的操作流程如图 7-2 所示。

亲水性后乳化型渗透检测法除了多一道乳化工序外，其余与水洗型渗透检测方法的操作流程完全相同。这种方法也包括后乳化型着色法和后乳化型荧光法两种。亲油性后乳化型渗透检测法的操作流程如图 7-2，但不需要预水洗这一道工序，即渗透后立即进行乳化。

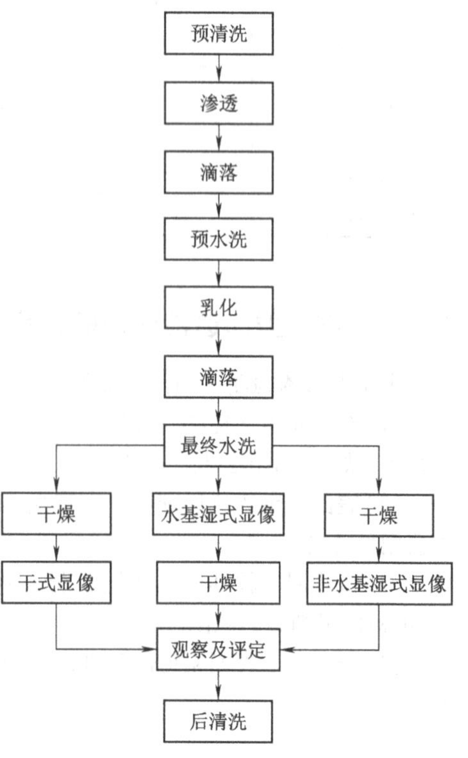

图 7-2 亲水性后乳化型渗透检测操作流程

后乳化型渗透检测法被大量应用于技术要求高或经机械加工光洁工件的检验，如发动机涡轮叶片、压缩机叶片、涡轮盘等机械加工工件的检验，这些工件在渗透检测前，最好进行一次酸洗或碱洗，以去除工件 0.001 ~ 0.005 mm 的金属层，使在机械加工时被堵塞的缺陷重新显露出来。

乳化工序是后乳化型渗透检测法的关键步骤。应根据具体情况，通过试验确定乳化时间和温度，并严格控制。应在保证达到允许的背景条件下，乳化时间尽量短，要防止乳化不足和过乳化。使用过程中，还应根据乳化剂受污染的程度而及时修改乳化时间或更换乳化剂。渗透时间控制也是渗透检测的关键，后乳化型荧光渗透检测推荐的渗透时间见表 7-2。

表 7-2 后乳化型荧光渗透检测推荐的渗透时间（16 ~ 28 ℃）

材　料	状　态	缺陷类型	渗透时间/min
铝、镁	铸件	裂纹、冷隔	10
	焊接接头	未焊透、气孔、裂纹	10
	各种状态	疲劳裂纹	10
不锈钢	精铸件	裂纹	20
		气孔、冷隔	10
	锻件	裂纹	20
		折叠	10 ~ 30
	焊接接头	未焊透、气孔、裂纹	20
	各种状态	疲劳裂纹	20
黄铜、青铜	铸件	裂纹	10
		气孔、冷隔	5
	锻件	裂纹	10
		折叠	5 ~ 15
	焊接接头	裂纹、折叠、气孔	10
	各种状态	疲劳裂纹	10
塑料	各种状态	裂纹	2
玻璃	各种状态	裂纹	5
玻璃与金属封严	各种状态	裂纹	5 ~ 60
硬质合金刀头	钎焊刀头	未焊透、气孔	5
		磨削裂纹	20
钛和高温合金	各种状态	各种缺陷	20 ~ 30

7.2.2 后乳化型渗透检测法的优点

后乳化型渗透检测法的优点如下：

（1）具有较高的检测灵敏度。这是因为渗透剂中不含乳化剂，有利于渗透剂渗入表面开口的缺陷；此外，渗透剂中染料的浓度高，显示的荧光亮度（或颜色强度）比水洗型渗透剂高，可发现更细微的缺陷。

（2）能检出浅而宽的表面开口缺陷。这是因为在严格控制乳化时间的情况下，已渗入到浅而宽的缺陷中的渗透剂不被乳化，从而不会被清洗掉。

（3）因渗透剂不含乳化剂，故渗透速度快，渗透时间短。

（4）抗污染能力强，不易受水、酸和铬酸盐的污染。后乳化型渗透剂中不含乳化剂，不吸收水分，水进入后，将沉于槽底，酸和铬酸盐不易与渗透剂中的染料发生化学反应，故水、酸和铬酸盐对它污染影响小。

（5）重复检验的重现性好。这是因为后乳化型渗透剂不含乳化剂，第一次检验后，残存在缺陷中的渗透剂可以用溶剂或三氯乙烯蒸气清洗掉，在第二次检验时，不影响渗透剂的渗入，故缺陷能重复显示。水洗型渗透剂中含有乳化剂，第一次检验后，只能清洗掉渗透剂中的油基部分，乳化剂将残留在缺陷中，妨碍渗透剂的第二次渗入，这也是水洗型渗透检测法的重现性差的主要原因。

(6)渗透剂中不含乳化剂，故温度变化时，不会产生分离、沉淀和凝胶现象。

7.2.3 后乳化型渗透检测法的缺点

后乳化型渗透检测法的缺点如下：

(1)要进行单独的乳化工序，故操作周期长，检测费用高。

(2)必须严格控制乳化时间，才能保证检验灵敏度。

(3)要求工件表面有较好的光洁度。如工件表面粗糙度较大或工件上存有凹槽、螺纹或拐角、键槽时，渗透剂不易被清洗掉。

(4)大型工件用后乳化渗透检测比较困难。

7.3 溶剂去除型渗透检测法

7.3.1 溶剂去除型渗透检测法简介

溶剂去除型渗透检测法是目前渗透检测中应用最为广泛的方法，表面多余的渗透剂可直接用溶剂擦拭去除。它包括着色法和荧光法。荧光法的显像方式有干式、非水基湿式、水基湿式和自显像等几种。着色法的显像方式有非水基湿式、水基湿式两种，一般不用干式和自显像，因为这两种显像方法的灵敏度太低。其操作流程所图7-3所示。

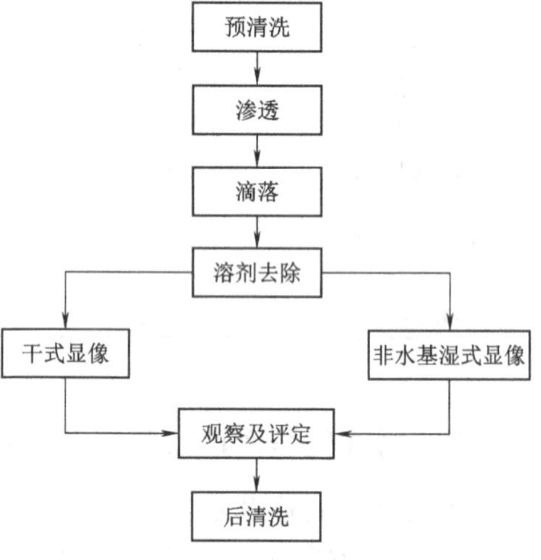

图7-3 溶剂去除型渗透检测操作流程

溶剂去除型渗透检测法适用于表面光洁的工件和焊接接头的检验，尤其适用于大工件的局部检验、非批量工件的检验和现场检验。工件检验前的预清洗和渗透剂去除都采用同一类溶剂。工件表面多余渗透剂的去除采用擦拭去除而不采用喷洗或浸洗，这是因为喷洗或浸洗时，清洗用的溶剂能很快渗入到表面开口的缺陷中，从而将缺陷中的渗透剂溶解掉，造成过清洗，降低检验灵敏度。

溶剂去除型渗透检测多采用非水基湿式显像(即采用溶剂悬浮显像剂)，因而具有较高的检测灵敏度；渗透剂的渗透速度快，故渗透时间较短。溶剂去除型着色渗透检测推荐的渗透时间见表7-3。

表7-3 溶剂去除型着色渗透检测推荐的渗透时间(16~28 ℃)

材　料	状　态	渗透时间/min
各种材料	热处理裂纹	2
	磨削裂纹、疲劳裂纹	10
塑料陶瓷	裂纹、气孔	1~5
刀具或硬质合金刀具	未焊透、裂纹	1~10

续表

材料	状态	渗透时间/min
铸件	气孔	3~10
	冷隔	10~20
锻件	裂纹、折叠	20
金属滚轧件	缝隙	10~20
焊接接头	裂纹、气孔、夹渣	10~20

7.3.2 溶剂去除型着色渗透检测法的优点

溶剂去除型着色渗透检测法的优点如下：

(1)设备简单。渗透剂、清洗剂和显像剂一般都装在喷罐中使用,故携带方便,且不需要暗室和黑光灯。

(2)操作方便,对单个工件检测速度快。

(3)适合于外场和大工件的局部检测,配合返修或对有怀疑的部位,可随时进行局部检测。

(4)可在没有水电的场合下进行检测。

(5)缺陷污染对渗透检测灵敏度的影响不像对荧光渗透检测的影响那样严重,工件上残留的酸或碱对着色渗透检测的破坏不明显。

(6)与溶剂悬浮显像剂配合使用,能检出非常细小的开口缺陷。

7.3.3 溶剂去除型着色渗透检测法的缺点

溶剂去除型着色渗透检测法的缺点如下：

(1)所用的材料多数是易燃和易挥发的,故不宜在开口槽中使用。

(2)相对于水洗型和后乳化型而言,不太适用于批量工件的连续检测。

(3)不太适用于表面粗糙的工件的检验。特别是对吹砂的工件表面更难应用。

(4)擦拭去除表面多余渗透剂时要细心,否则易将浅而宽的缺陷中的渗透剂擦掉,造成漏检。

7.4 特殊的渗透检测法

下面介绍几种特殊的渗透检测法,由于这些方法均有局限性,故还没有得到普遍的应用：

7.4.1 加载法

渗透检测虽有很高的灵敏度,但检查某些疲劳裂纹时,仍然很困难。这是因为这些裂纹很紧密,或者其中充满着污物,使渗透剂难以渗入。但是,如果加上弯曲载荷或扭转载荷,渗透剂就较容易渗入缺陷。施加载荷时,通常有下列两种形式：一种是仅在渗透这一工序中施加载荷;另一种是在渗透和观察两道工序中施加载荷,这种方法通常不用显像剂,故常称为自显像。因为在反复载荷的作用下,裂纹一张一合,裂纹中的渗透剂在紫外线的照射下一闪一闪地发光,所以这种方法也叫“闪烁法”。

7.4.2 渗透剂与显像剂相互作用法

渗透剂与显像剂相互作用法所使用的渗透剂不含显示染料，而干式显像剂中含有显示染料，渗透剂从缺陷中渗出来，与显像剂中的显示染料作用(渗透剂很快溶解显示染料)后，产生缺陷显示。这种方法所用的渗透剂渗透能力强，能渗入极细小的缺陷，在表面渗透剂去除后，能留下干净的无荧光的背景；渗透剂的污染不太严重。该法要求显示染料的粒度尽量小。

7.4.3 逆荧光法

逆荧光法采用着色渗透剂进行渗透，作用含有低亮度荧光染料的溶剂悬浮型显像剂进行显像；工件检验在黑光灯下进行观察，整个工件发出低亮度的荧光，而缺陷处则呈暗色缺陷显示。这是因为着色染料与显像剂作用后，猝灭了显像剂的荧光。

7.4.4 削色法

削色法可采用高灵敏度的后乳化型渗透剂，不必考虑渗透剂的去除能力，只需考虑渗透剂中染料对强的短波紫外线的稳定性。因此，可采用荧光渗透剂和着色渗透剂。

工件经渗透后，用水洗法或用布擦去工件表面明显多余的渗透剂，经烘干后再在短波紫外线下进行照射，由于短波紫外线能完全破坏表面多余的渗透剂，故显像后可得到缺陷显示。削色法可通过改变短波紫外线的曝光时间来控制检测灵敏度，以达到检查出浅而宽的缺陷和细微的缺陷的目的。削色法操作简单，速度快，易实现自动化，并具有后乳化型渗透检测灵敏度。但这种的方法所用的染料在紫外线的照射下，荧光亮度会下降或褪色，缺乏持久性；且短波紫外线会伤害人体，故此法较少使用。

7.4.5 酸洗显示的染色法

中等程度的酸洗可腐蚀裂纹的开口边缘，使裂纹的开口宽度增大，如果将一种化学试剂涂覆在腐蚀过的表面上，则化学试剂将与裂纹中渗出的酸起反应，使裂纹处于显示颜色，提高目视检验的可见度。

7.4.6 铬酸阳极化

铝合金工件进行铬酸阳极化保护处理时，由于电解液渗入缺陷中，在阳极化后，缺陷处会呈现褐色，故能检出铝合金中的缺陷。

7.4.7 渗透检测泄漏的方法

泄漏是由于储存气体或液体的容器、管道等器件存在穿透性的缺陷所引起的。检测泄漏的方法很多，如空气压力试验法、液压试验法、卤素检漏仪法、质谱仪法等，渗透剂检验泄漏也是常用的一种方法。

渗透剂检漏示意如图 7-4 所示。由于检漏时，不需去除表面多余的渗透剂，故各种类型的渗透剂均可使用。通常使用高灵敏度的后乳化荧光渗透剂，因为这种渗透剂具有高的渗透能力和荧光亮度。

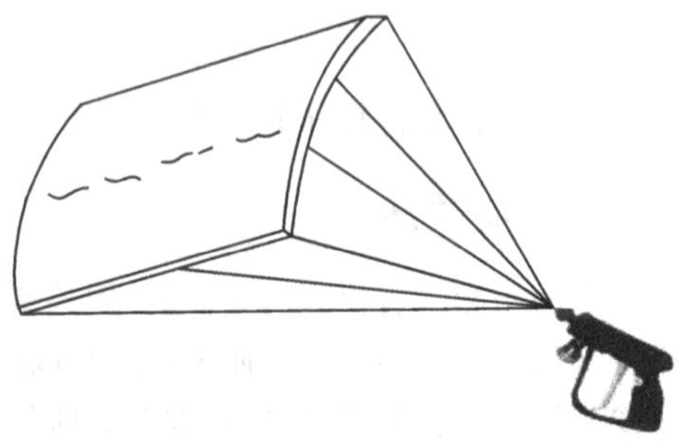

图 7-4 渗透剂检漏示意

采用荧光渗透剂检测泄漏通常有如下三种情况：

(1)被检测物是密封的压力容器或装置，可在内部注入带有荧光的液体，从容器外侧进行观察就可以了。

(2)被检测物是真空或装置,一种是在抽真空前,在容器中注入荧光渗透剂,从容器外侧进行观察,检查有无泄漏;另一种是先在容器外侧涂上渗透剂,然后再抽真空,在内部观察。

(3)如果检测焊接容器,可将渗透剂直接涂到焊接好的接头上,经过一段渗透时间后,再在另一侧观察有无泄漏。

检测泄漏一般不必进行显像。可为了检测更细微的缺陷也可采用显像剂显像。对于厚工件,检测泄漏的时间很长。

7.5　渗透检测法选择

7.5.1　渗透检测法选择的一般要求

各种渗透检测法均有自己的优缺点,应根据检测灵敏度的要求,预期检出的缺陷类型和尺寸,工件的大小、形状、数量、表面粗糙度,以及现场的水、电、气的供应情况、检验场地的大小和检测费用等因素进行选择。在上述因素中,以灵敏度和检测费用最为重要,因为有足够的灵敏度才能确保产品的质量,但这并不意味着在任何情况下都选择高灵敏度的检测方法。例如,对表面粗糙的工件采用高灵敏度的渗透剂,会使清洗困难,造成背景过深,甚至会造成虚假显示和掩盖显示,以致达不到检测的目的。而且,灵敏度高的检测,其检测费用也很高。因此,灵敏度要与检测技术要求和检测费用等综合考虑。

此外,在满足灵敏度要求的前提下,应优先选择对检测人员、工件和环境无损害或损害较小的渗透检测剂与渗透检测工艺方法。应优先选用易于生物降解的材料;优先选择水基材料;优先选择水洗法;优先选择亲水性后乳化法。

对给定的工件,采用合适的显像方法,对保证检测灵敏度非常重要。比如,光洁的工件表面,干式显像剂不能有效地吸附在工件表面上,因而不利于形成显示,故采用湿式显像比干式显像好;相反,粗糙的工件表面则适合采用干式显像。采用湿式显像时,显像剂会在拐角、孔洞、空腔、螺纹根部等部位聚集而掩盖显示。溶剂悬浮显像剂对细微裂纹的显示很有效,但对浅而宽的缺陷显示效果较差。

在进行某一项渗透检测时,所用的渗透检测剂应选用同一制造厂家生产的产品,因为制造厂家不同,检测材料的成分也不同,若混合使用,可能会出现化学反应而造成灵敏度下降。经过着色检测的工件,不能进行荧光检测。

7.5.2　渗透检测法的选择指南

渗透检测法的选择指南见表 7-4,具体选择时,需根据被检对象的特点,综合考虑。

表 7-4　渗透检测方法的选择指南

对象或条件		渗透剂	显像剂
以检出缺陷为目的	浅而宽的缺陷、细微的缺陷	后乳化型荧光渗透剂	水基湿式、非水基湿式、干式(缺陷长度几毫米以上)
	深度 10 μm 及以下的细微缺陷		
	深度 30 μm 及以上的缺陷	水洗型渗透剂、溶剂去除型渗透剂	水基湿式、非水基湿式和干式(只用于荧光)
	靠近或聚集的缺陷以及需观察表面形状的缺陷	水洗型荧光剂、后乳化型荧光剂	干式

续表

对象或条件		渗　透　剂	显　像　剂
以被检工件为目的	小工件批量连续检验	水洗型、后乳化型荧光剂	湿式、干式
	少量工件不定期检验及大工件局部检验	溶剂去除型渗透剂	非水基湿式
考虑工件表面粗糙程度	表面粗糙的锻、铸件	水洗型渗透剂	干式(荧光检测)、水基湿式和非水基湿式
	螺钉及键槽的拐角处		
	车削、刨削加工表面	水洗型渗透剂、 溶剂去除型渗透剂	
	磨削、抛光加工表面	后乳化型荧光渗透剂	
	焊接接头和其他缓慢起伏的凹凸面	水洗型渗透剂、 溶剂去除型渗透剂	
考虑设备条件	有场地、水、电和暗室	水洗型、后乳化型、溶剂去除型荧光渗透剂	水基和非水基湿式
	无水、电或在现场高空作业	溶剂去除型渗透剂	非水基湿式
其他因素	要求重复检验	溶剂去除型、后乳化型荧光渗透剂	非水基湿式、干式
	泄漏检验	水洗荧光、后乳化型荧光渗透剂	自显像、非水基湿式、干式

7.6　渗透检测工序安排

为确保渗透检测的有效性、可靠性，渗透检测工序的安排相当重要，实际操作时应注意下列问题：

(1)如无特殊规定，需进行渗透检测的工件，原则上必须在最终成品上进行检验。

(2)渗透检测应在喷丸、喷砂、镀层、阳极化、涂层、氧化或其他处理工序之前进行。表面处理后，还需局部加工的，应在加工后，对加工表面再次进行检验。

(3)如工件需要浸蚀检验时，渗透检测应紧跟在浸蚀检验之后立即进行。

(4)机加工后的铝、镁、钛合金和奥氏体不锈钢等工件，一般应先进行酸浸蚀或碱浸蚀，然后再进行渗透检测。

(5)对于铸件、焊接件和热处理件，如渗透检测前允许采用吹砂的方法去除表面氧化物，则吹砂后的部件，一般应先浸蚀后进行渗透检测。

(6)需热处理的工件，渗透检测应安排在热处理之后进行。如需经过多次热处理时，则只需在温度最高的一次热处理后进行。

(7)对使用过的工件进行渗透检测，必须在去除表面积碳层、氧化层及涂层后进行；对完整无缺的脆漆层，可不必去除而直接进行渗透检测，在漆层上检验发现裂纹后，再去除裂纹部位的漆层，然后检查基体金属上有无裂纹。

(8)若工件同一部位均需进行渗透检测和磁粉检测或超声检测时，应首先进行渗透检测，因为磁粉或耦合剂会堵塞表面缺陷。

(9)工件的同一表面，荧光渗透检测之前不允许进行着色渗透检测。

(10)疲劳裂纹或压缩载荷下开裂的裂纹，不宜采用渗透检测，应安排其他合适的检验方法。

第8章 渗透检测应用

渗透检测在承压设备中应用较广，检测对象多种多样，而且材质也各不相同；对于不同部件选择不同的渗透检测方法，可获得较高的检测灵敏度，保证产品的质量。本章主要介绍焊接件、铸件、锻件、其他工件和承压设备渗透检测的应用。

8.1 焊接件的渗透检测

焊接技术在机械、石油、化工、冶金、铁道、造船和宇航等领域已普遍采用，承压设备结构主要也是采用焊接方法连接的。焊接接头中的常见缺陷有气孔、夹渣、未焊透、未熔合和裂纹等，这些缺陷在表面开口时可采用渗透检测法检测出来。任何缺陷对焊接接头都有不同程度的危害，为了保证焊接件的质量，必须加强对焊接件的无损检测。锅炉、压力容器等承压设备的检验规范也要求对焊接接头进行表面检测，尤其是一些特殊的材料，不能进行磁粉检测的焊接接头，都要进行渗透检测。例如，铝合金、钛合金、奥氏体不锈钢和铜焊接接头都要进行渗透检测。压力容器C类、D类焊接接头示意如图8-1所示。

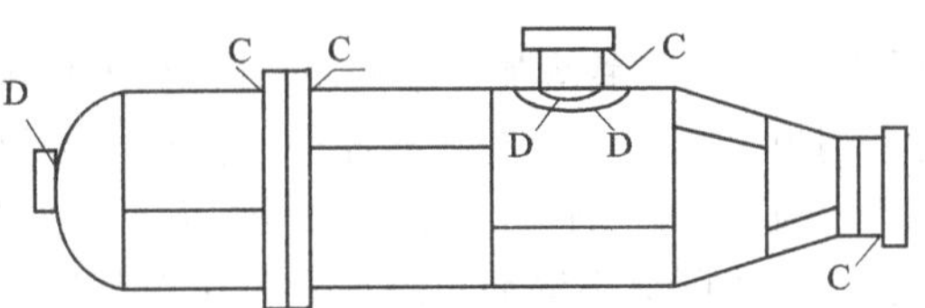

图8-1　压力容器C类、D类焊接接头示意

8.1.1 焊接接头的渗透检测

焊接接头进行渗透检测时，可采用溶剂去除型着色法，也可采用水洗型荧光法，在灵敏度等级符合要求时也可采用水洗型着色法。

焊接接头渗透检测前，必须借助机械清理方法，对焊接接头及热影响区表面进行清理，以去除焊渣、飞溅、焊药和氧化物等污物，如砂轮机打磨、铁刷刷和压缩空气吹等。对焊接接头表面进行清理时，要注意不要让金属屑粉末堵塞表面开口缺陷，尤其是用砂轮打磨时更应注意。在污物基本清除后，应用清洗液(丙酮或香蕉水)清洗焊接接头表面的油污，最后用压缩空气吹干。在用承压设备焊接接头的检测必须在清除锈蚀和污物后才能进行渗透检测。不锈钢法兰管对接焊接接头如图8-2所示。不锈钢容器对接焊接接头如图8-3所示。

图 8-2　不锈钢法兰管对接焊接接头

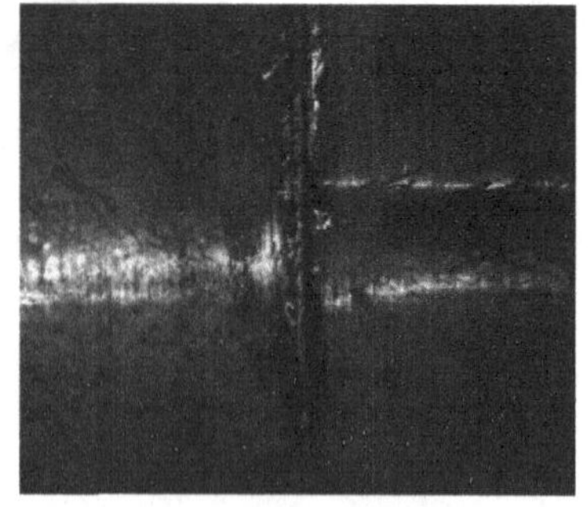

图 8-3　不锈钢容器对接焊接接头

进行焊接接头的渗透检测时，常用刷涂法施加渗透剂。刷涂时，用蘸有渗透剂的刷子在焊接接头及热影响区反复涂刷 3 ~ 4 次，每次间隔 3 ~ 5 min。对于较宽的焊接接头，也可采用喷涂法，操作方法与刷涂法相同。对于小型工件的焊接接头也可采用浸涂法，工件表面温度在 10 ~ 50 ℃时，渗透时间应大于或等于 10 min。

渗透时间结束后，先用干净不脱毛的布擦去焊接接头及热影响区表面多余的渗透剂，然后再用沾有去除剂的不脱毛的布擦拭。擦拭时，应注意沿一个方向擦拭，不得往复擦拭，以免互相污染。在保证去除效果的前提下，应尽量缩短去除剂与检测面的接触时间，以免产生过清洗。清洗后的检测面可采用自然干燥或压缩空气吹干。

焊接接头显像以喷涂法为最好，利用压缩空气或压力喷罐将溶剂悬浮显像剂均匀喷洒于检测面，可用电吹风或压缩空气加速显像剂的干燥和显像剂薄膜的形成。显像 3 ~ 5 min 后，可用肉眼或借助放大镜观察所显示的图像，为发现细微缺陷，可间隔几分钟观察一次，重复观察 2 ~ 3 次。焊接接头引弧处和熄弧处易产生细微的火口裂纹，对于表面成形不好，易出现缺陷的部位，应特别注意观察。对于细小缺陷的检测可将显像时间延长到 1 h。

8.1.2　坡口的渗透检测

坡口的常见缺陷是分层和裂纹，可导致焊接件结构质量降低，所以坡口的渗透检测尤其重要。分层是轧制缺陷，分层平行于钢板表面一般分布在板厚中心附近。裂纹有两种，一种是沿分层端部开裂的裂纹，方向大多平行于板面；另一种是火焰切割裂纹，无一定方向。

由于坡口的表面比较光滑，因此可采用溶剂去除型着色法对其进行渗透检测，可得到较高的灵敏度。由于坡口面一般比较窄，因此检测操作时对于检测剂的施加可采用刷涂法，以减少检测剂的浪费和环境污染。坡口面渗透检测如图 8-4 所示。半槽焊接接头如图 8-5 所示。

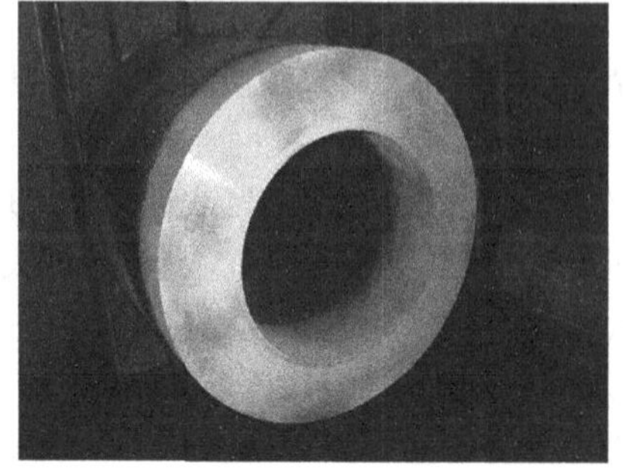

图 8-4　坡口面渗透检测

图 8-5　半槽焊接接头

8.1.3　焊接过程中的检测

焊接过程中应进行清根检测和层间检测。

焊接接头清根检测可采用电弧气刨法和砂轮打磨法,两种方法都有局部过热的情况,电弧气刨法有增碳产生裂纹的可能,检测时应注意。由于清根面比较光滑,因此可采用溶剂去除型着色法进行检测。

某些焊接性能差的钢种和厚钢板要求每焊一层检测一次,发现缺陷及时处理,保证焊接接头的质量。层间检测时可采用溶剂去除型着色法,如果灵敏度满足要求,也可采用水洗型着色法,操作时一定注意不规则的部位,不能漏掉缺陷也不能误判缺陷,以免造成不必要的返修。

焊接接头或坡口清根后经渗透检测,应进行后清洗。多层焊道焊接接头,每层焊接接头经渗透检测后的清洗更为重要,必须处理干净,否则,残留在焊接接头上的渗透检测剂会影响随后进行的焊接,产生严重缺陷。不锈钢带及堆焊表面如图 8-6 所示。法兰接管角焊接接头如图 8-7 所示。管板角焊接接头如图 8-8 所示。不锈钢堆焊表面如图 8-9 所示。

图 8-6　不锈钢带及堆焊表面

图 8-7　法兰接管角焊接接头

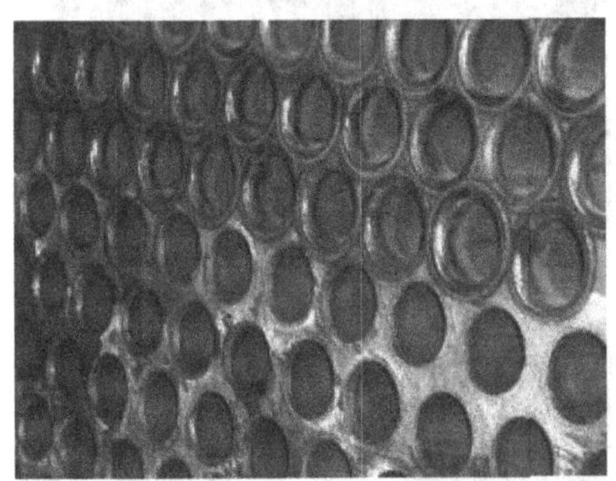

图 8-8　管板角焊接接头

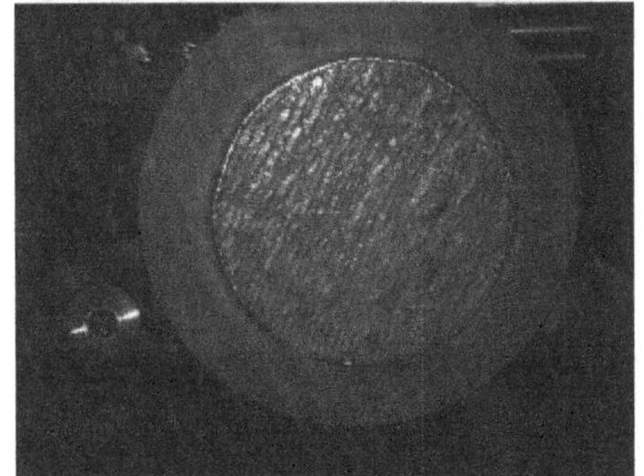

图 8-9　不锈钢堆焊表面

8.1.4　使用压力喷罐的注意事项

如果使用压力喷罐施加渗透检测剂,对钛合金或奥氏体钢焊接接头进行渗透检测时的注意事项如下:

目前,喷罐内大多使用氟利昂(即二氟二氯甲烷 F-12)气雾剂,如果喷罐内含有一定水分,氟利昂就会溶解到渗透检测剂中形成卤酸,腐蚀钛合金和奥氏体钢焊接接头。另外,氟利昂能与油脂以任意比例互相溶解,而渗透检测剂配方中大量使用油脂(如煤油、松节油等)及乳化剂等物质,被检工件表面也常有油脂。这样,氟利昂中的卤素也能进入渗透检测剂,同时接触受检工件表面,也可以直接进入受检工件表面,产生腐蚀作用。很显然,即使渗透检测剂中控制了卤族元素的含量,如果不注意上述问题,这种控制也失去了实际意义。

8.2 铸件的渗透检测

8.2.1 铸件渗透检测的特点

铸件是由需要成分的熔融金属浇铸入铸模,经冷却而形成需要形状的结构件。铸件中常发现的主要缺陷是气孔、夹杂物、缩孔、疏松、冷隔、裂纹和白点。前几种缺陷易产生于浇冒口及其下部截面最大部位和最后凝固的部位;而冷却速度过快、几何形状复杂、截面变化大的铸件易产生收缩裂纹;白点易产生于某些合金铸件中。只有这些缺陷露出金属表面时,渗透检测才可以检出。铸件表面粗糙,形状复杂,给渗透检测的清理和去除工序带来困难。为了克服这些困难,并保证足够的灵敏度,常采用水洗型荧光渗透检测法。随着铸造技术的发展和铸造水平的提高,有些铸件表面状态很光滑。对重要铸件,如涡轮叶片,航空部件和汽车部件等,其表面经机加工比较光滑,可采用后乳化型渗透检测法检测,以获得更高灵敏度。锅炉铸管、铸造缸体、锅炉再热蒸气管和三通管件分别如图 8-10 ~ 图 8-13 所示。

图 8-10　锅炉铸管

图 8-11　铸造缸体

图 8-12　锅炉再热蒸气管

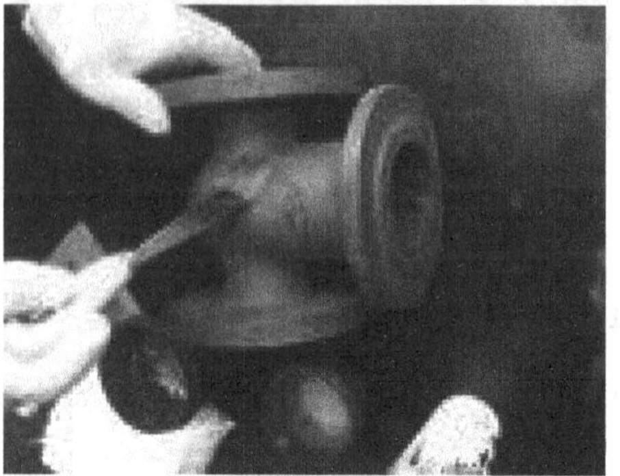

图 8-13　三通管件

8.2.2 铸件渗透检测步骤

铸件渗透检测步骤如下：

(1)预处理。因为铸件表面比较粗糙，所以需要用机械方法对铸件表面进行修整，如采用砂轮打磨，锉刀修磨，也可采用喷砂方法。然后，用有机溶剂或水进行预清洗，以去除表面油污、灰尘和金属污物。经清洗干净的铸件应进行干燥处理，用有机溶剂清洗的铸件可采用自然干燥方法干燥，采用水清洗的铸件可采用烘烤的方法进行干燥，以去除工件表面和残留在缺陷内的水分。烘烤干燥温度一般为 80 ℃左右，烘干后，应让铸件冷却至 30 ℃左右，方可施加渗透剂。如果工件温度过高，会使渗透剂强烈挥发后干在铸件表面和变质，妨碍清洗及渗透剂的再使用，并降低检测灵敏度。

(2)渗透。可采用喷涂法、刷涂法和流涂法，对于小型工件也可采用浸涂法，浸涂后的工件可滴落渗透剂，渗透剂的施加方法可视具体情况而定。

(3)去除。铸件表面比较粗糙时，可采用水洗型渗透检测法。水洗型渗透剂中含有乳化剂，故遇水可自行乳化，使表面多余的渗透剂形成小液滴分散于水中被冲走。水洗法清洗时，用淋浴状水直接冲洗经过渗透的铸件。冲洗时，水射束与被检面的夹角以 30°为宜，水温为 10 ~ 40 ℃，冲洗装置喷嘴处的水压应不超过 0.34 MPa，喷嘴与工件表面的距离约为 300 mm。也可采用干净不脱毛的布蘸水擦洗。

如果铸件表面比较光滑或经机加工，可采用溶剂去除型渗透检测法。先用干净不脱毛的布将铸件表面多余的渗透剂擦去，然后用溶剂擦除，再用干净不脱毛的布蘸去除剂(清洗剂或丙酮)，擦拭铸件表面。在保证去除干净的前提下，应尽量缩短去除剂与铸件表面的接触时间。

为控制清洗质量，对荧光渗透检测而言，可将铸件置于紫外线光源下进行清洗，及时观察工件表面多余荧光渗透剂残留情况。

(4)干燥。清洗完毕后，擦去铸件表面的水分或去除剂，或用压缩空气吹干，必要时，可放入热空气循环箱中烘干，但应避免过分干燥和温度过高。

(5)显像。铸件表面比较粗糙，经干燥后，可用喷洒方式施加干粉显像剂。应使显像剂成雾状均匀覆盖在被检工件表面，显像时间一般为 7 ~ 60 min。显像结束后，轻轻敲打工件可使多余的显像剂掉落。干粉显像剂具有足够的灵敏度，且分辨力较高，不像湿式显像剂那样，会从铸件的孔隙中回渗出大量渗透剂而造成缺陷显示图像失真。

表面光滑的铸件也可采用溶剂悬浮显像剂显像，用压缩空气或压力喷罐将溶剂悬浮显像剂均匀喷洒于铸件表面，显像剂层不能过厚。为缩短显像时间，可采用电吹风或压缩空气加速显像剂的干燥和显像剂薄膜的形成。

(6)检验。荧光检测时，可将显像后的铸件放在暗室或暗幕中进行观察。观察时，暗室或暗处的白光照度应小于 20 lx。距光源约 380 mm 处工件表面的黑光照度应不小于 1 000 $\mu W/cm^2$。观察中，还应随时对缺陷做出标记和记录。对于缺陷有怀疑时，可采用放大镜等其他方法进一步辨明。

着色检测时，可在白光下进行观察，白光照度不应小于 1 000 lx。如果光照条件差，白光照度也不得低于 500 lx。

(7)记录。对检测过程严格按作业指导书做好原始记录，并按标准、规范和技术文件，出具检测报告。

8.3 锻件的渗透检测

8.3.1 锻件渗透检测的特点

锻件是由可锻金属经锻压、挤压、热轧、冷轧和爆炸成形等方法得到的结构件。锻件晶粒很细，且有方向性。锻件经锻造加工形变后，原缺陷形态和性质均会发生变化。例如，夹杂、气孔等体积性缺陷会变得平展细长，可能形成发纹；铸坯的中心小孔可能形成夹层；表面折皱可能形成折叠或裂纹等。锻件中的常见缺陷有缩孔、疏松、夹杂、分层、折叠和裂纹等，而且这些缺陷具有方向性，其方向一般与压延方向垂直而与金属流线方向平行。

与铸件相比，锻件表面较为光洁，去除表面多余渗透剂较易操作；锻件承载能力更高，缺陷更紧密细小。渗透检测时，要求使用较高灵敏度的后乳化荧光渗透剂，渗透时间较长；特别是一些重要部件，要求使用超高灵敏度的后乳化型荧光渗透剂，如发动机工件和航空航天用锻造部件。不锈钢轴锻件和环状锻件分别如图 8-14 和图 8-15 所示。

图 8-14　不锈钢轴锻件

图 8-15　环状锻件

8.3.2 锻件渗透检测步骤

锻件渗透检测步骤如下：

(1)预处理。锻件渗透检测前一般进行机械加工，所以锻件表面较为光洁。锻件表面预清洗可采用清洗剂和蘸有酒精或丙酮的布擦洗。如果油污较多，可采用三氯乙烯蒸气清洗。如果锻件表面氧化皮较多，则可采用机械方法清理，如砂轮打磨、抛光或超声清洗，也可采用酸洗或碱洗等化学方法清洗。高强度钢酸洗时，应注意防止氢脆现象，酸洗后应立即进行去氢处理。

(2)干燥。可采用自然干燥也可采用加热干燥，加热干燥是将清理干净的锻件放入干燥箱内进行干燥，以清洗掉锻件表面或缺陷残留的清洗液。干燥温度为 80 ℃左右，烘干后的锻件应冷却到 30 ℃左右，方可进行渗透检测。温度过高，会使渗透剂强烈挥发后干在工件表面或缺陷内，从而影响锻件的清洗和渗透剂的再使用，并降低渗透检测灵敏度。

(3)渗透。可采用喷罐直接将渗透剂喷洒在锻件表面，在渗透时间内，保证锻件表面完全被渗透剂覆盖并处于润湿状态。锻件温度在 10 ~ 50 ℃范围内时，渗透时间应大于或等于 10 min。锻件体积小、数量多时,可浸入渗透剂槽中浸涂。

(4)去除。如果采用溶剂去除型着色法,可先用干净不脱毛的布或纸擦去锻件表面多余的渗透剂,然后用干净不脱毛的布蘸清洗剂或丙酮等有机溶剂,沿一个方向擦拭锻件表面,注意不能往复擦拭。在保证去除干净的前提下,应尽量少用有机溶剂,以防止过清洗。

如果采用后乳化型渗透检测法,应在施加乳化剂前对锻件表面的多余渗透剂进行预水洗,尽可能去除掉锻件表面多余的渗透剂。

乳化剂可采用浸涂、浇涂施加到锻件表面,亲水性乳化剂可采用喷涂法施加。不能采用刷涂法施加乳化剂,以免造成乳化剂在锻件表面上施加不均匀,使检测面上乳化剂的乳化效果不同,影响检测灵敏度。乳化时间和乳化剂的浓度应按生产厂家的推荐选择。使用亲水性乳化剂时,待被检测工件表面多余渗透剂充分乳化,然后再用水清洗,乳化过程中,应缓慢搅拌乳化剂。使用亲油性乳化剂时,乳化剂不能在锻件上搅动,乳化结束后,应立即浸入水中或用水喷洗停止乳化,再用水喷洗。

水洗过程中,水射束与被检面的夹角以 30°为宜,水温为 10 ~ 40 ℃,冲洗装置喷嘴处的水压应不超过 0.34 MPa,喷嘴与工件表面的距离约为 300 mm。

(5)干燥。溶剂清洗时可采用自然干燥,水洗时,可用干净不脱毛的布擦干,也可采用热空气吹干,必要时还可放在烘箱中烘干。干燥时间应尽量短,只要表面水分充分干燥即可,防止过干燥。

(6)显像。小型锻件可采用浸埋法施加干粉显像剂,还可将锻件置于喷粉柜中喷粉。溶剂悬浮显像剂可采用喷罐直接喷到锻件表面。喷嘴与被检表面距离应为 300 ~ 400 mm,喷涂方向与被检面夹角应为 30° ~ 40°,喷洒显像剂时应保证显像剂层薄而均匀。

(7)检验。荧光检测时,可将显像后的铸件放在暗室或暗幕中进行观察。观察时,暗室或暗处的白光照度应小于 20 lx。距光源约 380 mm 处的工件表面的黑光照度应不小于 1 000 μW/cm^2。观察中,还应随时对缺陷做出标记和记录。对于缺陷有怀疑时,可采用放大镜等其他方法进一步辨明。

着色检测时,可在白光下进行观察,白光照度不应小于 1 000 lx。如果光照条件差,白光照度也不得低于 500 lx。

(8)记录。对检测过程严格按作业指导书做好原始记录,并按标准、规范和技术文件,出具检测报告。

8.4 非金属工件的渗透检测

非金属工件的检测包括塑料、陶瓷、玻璃及建筑材料中的装饰宝石等的检测,主要是检测表面裂纹。非金属工件的渗透检测,由于所需的检测灵敏度较低,故采用水洗型着色法渗透检测即可,渗透时间可较短。如用荧光法检测玻璃制品,可采用自显像。使用着色液检测塑料工件时,如采用溶剂悬浮显像剂显像,则悬浮溶剂最好选用醇类溶剂,不能采用含氯化物的有机溶剂。

对于有一定压力、温度、体积较大的塑料设备,常采用外包玻璃钢的办法进行加强,玻璃钢是一层一层紧包在塑料外面的,施工过程中,常用渗透检测方法检测针孔、气泡和微裂纹等缺陷。

非金属工件,特别是塑料或装饰宝石等,渗透检测前,应通过试验确定渗透检测剂是否会浸蚀被检工件。

多孔性非金属工件,如石墨制品、摩擦盘、陶土制品等的裂纹类缺陷的检测,可使用过滤性微粒渗透剂。

某些粉末冶金制品，是用钨粉烧结成型，再浸渍铜而成，它们的孔隙在浸渍铜时所填满，所以可用普通渗透剂进行检测。

8.5 承压设备在用与维修件渗透检测

对承压设备在用与维修件渗透检测时，如制造时采用高强度钢以及对裂纹（包括冷裂纹、热裂纹、再热裂纹）敏感材料；或是长期工作在腐蚀介质环境下，有可能发生应力腐蚀裂纹的工件；对于航空航天部件、涡轮发动机主轴、叶片和高压螺栓等，应采用荧光渗透检测法进行检测。也可采用后乳化法等更高灵敏度的方法进行检测。

在用承压设备渗透检测主要是检查疲劳裂纹和应力腐蚀裂纹，检测前要充分了解工件在使用中的受力状态、应力集中部位和裂纹的方向。对于疲劳裂纹的检测，渗透时间应长一些，可超过30 min；检测应力腐蚀裂纹或晶间腐蚀裂纹时，渗透时间应更长。为检测紧闭的裂纹，可采用加载法。

对于在用承压设备，表面处理很重要。有油污的工件、小工件可采用蒸气除油法去除表面油污，大工件可采用清洗剂或丙酮等有机溶剂去除。表面有油漆和密封剂的工件一定彻底去除，可采用化学腐蚀法去除漆层；也可采用酸洗或碱洗，采用酸洗后，应把工件烘干，以去除工件表面的氢，防止氢脆现象的发生。装配的部件要拆开，螺栓和其他连接件要拆除，才能进行渗透检测。部分承压设备在用与维修件如图 8-16 ~ 图 8-21 所示。

图 8-16　聚合釜

图 8-17　螺栓

图 8-18　转子铆钉头

图 8-19　锅炉联箱

图 8-20　叶片

图 8-21　压缩机

第9章
显示的解释与缺陷评定

9.1 显示的解释和分类

9.1.1 显示的解释

渗透检测显示(又称为迹痕、迹痕显示)的解释是对肉眼所见的着色或荧光痕迹显示进行观察和分析,确定产生这些痕迹显示的原因的过程。也就是说,通过渗透检测工艺方法显示迹痕的解释,确定出肉眼所见的痕迹显示究竟是由真实缺陷引起的,还是由工件结构等原因所引起的,或仅是由于表面未清洗干净而残留的渗透剂所引起的。渗透检测后,对于观察到的所有显示均应做出解释,对有疑问不能做出明确解释的显示,应擦去显像剂直接观察,或重新显像、检查,必要且允许时,可从预处理开始重新实施检测过程。显示的解释是判断显示是否属于缺陷显示的一个过程。

渗透检测真实显示的原因包括不连续和缺陷。不连续(缺欠)是工件正常组织结构或外形的任何间断,这种间断可能会影响工件的使用;缺陷是工作尺寸、形状、取向、位置或性质对其有效使用可能不会造成损害或不满足验收标准要求的不连续;超标缺陷是工作尺寸、形状、取向、位置或性质对其有效使用会造成损害且不满足验收标准要求的不连续。

形成迹痕显示的很多原因中,只有与影响工件有效使用的缺陷或不连续相关显示、反映缺陷或不连续存在的迹痕显示才有必要进行评定。因此,渗透检测人员应具有丰富的工程实际经验,并能够结合工件的材料、形状和加工工艺,熟练掌握各类迹痕显示的特征、产生原因及鉴别方法,必要时还应采用其他无损检测方法进行验证,尽可能使检测评定结果准确可靠。渗透检测迹痕显示分析和解释的意义:其一,正确的迹痕分析和解释可以避免误判,如果把由缺陷或不连续引起的显示误判为由不是缺陷引起的显示,则会产生漏检,造成重大的质量隐患;相反,则会把合格工件拒收或报废,造成不必要的经济损失。其二,由于迹痕显示能反映出缺陷的位置、大小、形状和严重程度,并可大致确定缺陷的性质,因此迹痕分析可为产品的设计和工艺改进提供较可靠的信息。其三,对在用承压设备进行渗透检测时重点发现和监测疲劳裂纹和应力腐蚀裂纹等危害性缺陷,能够及早预防、避免设备和人身事故的发生。

9.1.2 显示的分类

渗透检测显示一般可分为三种类型:由真实缺陷引起的相关显示、由于工件的结构等原因所引起的非相关显示、由于表面未清洗干净而残留的渗透剂等所引起的虚假显示。

1. 相关显示

相关显示又称为缺陷迹痕显示、缺陷迹痕和缺陷显示,是指从裂纹、气孔、夹杂、折叠、分层等缺陷中渗出的渗透剂所形成的迹痕显示,它是缺陷存在的标志。

2. 非相关显示

非相关显示又称为无关迹痕显示,是指由与缺陷无关的、外部因素所形成的渗透剂迹痕显示,通常不能作为渗透检测评定的依据。其形成原因可以归纳为以下三种情况：

(1)加工工艺过程中所造成的显示，如装配压印、铆接印和电阻焊时不焊接的部分等所引起的显示，这类迹痕显示在一定范围内是允许存在的，甚至是不可避免的；

(2)由工件的结构外形等所引起的显示，如键槽、花键、装配结合的缝隙等引起的显示，这类迹痕显示常发生在工件的几何不连续处；

(3)由工件表面的外观(表面)缺陷引起的显示，包括机械损伤、划伤、刻痕、凹坑、毛刺、焊接接头表面状态或铸件上松散的氧化皮等，由于这些外观(表面)缺陷经肉眼目视检验可以发现，通常不是渗透检测的对象，故该类显示通常也被视为非相关显示。

非相关显示引起的原因通常可以通过肉眼目视检验来证实，故对其的解释并不困难。通常不将这类显示作为渗透检测质量验收的依据。渗透检测常见的非相关显示见表 9-1。

表 9-1　渗透检测常见的非相关显示

种　类	位　置	特　征
焊接飞溅、焊接接头表面波纹	电弧焊的基体金属上	表面上的球状物、表面夹沟
电阻焊接接头上不焊接的边缘部分	电阻焊接接头的边缘	沿整个焊接接头长度、渗透剂严重渗出
装配压痕	压配合处	压配合轮廓
铆接印	铆接处	锤击印
刻痕、凹坑、划伤	各种工件	目视可见
毛刺	机加工工件	目视可见

3. 虚假显示

虚假显示是由于不适当的方法或处理产生的显示，或称为操作不当引起的显示，其不是由缺陷引起的，也不是由工件结构或外形等原因所引起的，有可能被错误地解释为由缺陷引起的，故也称为伪显示。产生虚假显示(指对工件检测时形成)的常见原因如下：

(1)工作者手上的渗透剂污染；

(2)检测工作台上的渗透剂污染；

(3)显像剂受到渗透剂的污染；

(4)清洗时，渗透剂飞溅到干净的工件上；

(5)擦布或棉花纤维上的渗透剂污染；

(6)工件筐、吊具上残存的渗透剂与清洗干净的工件接触造成污染；

(7)工件上缺陷处渗出的渗透剂污染了邻近的工件。

渗透检测时，由于工件表面粗糙、焊接接头表面凹凸、清洗不足等原因而产生的局部过度背景也属于虚假显示，它容易掩盖相关显示。从迹痕显示特征上来分析，虚假显示是能够很容易识别的。若用沾有少量清洗剂的棉布擦拭这类显示，很容易擦掉，且不重新显示。

渗透检测时，应尽量避免引起虚假显示。一般应注意：渗透检测操作者的手应保持干净，应无渗透剂污染；工件筐、吊具和工作台应始终保持洁净；应使用干净不脱毛的无丝绒布擦洗工件；荧光渗透时应在黑光灯下清洗等。

4. 不同迹痕显示的区别

相关显示、非相关显示和虚假显示的区别在于：相关显示和非相关显示均是由某种缺陷或工件结构等原因引起的、由渗透剂回渗形成的渗透检测过程中出现的重复性迹痕显示；而虚假显示不是重复性显示。相关显示影响工件的使用性能，需要进行评定；而非相关显示和虚假显示都不是由缺陷引起、并不影响工件使用性能，故不必进行评定。

9.2 缺陷迹痕显示的分类及常见缺陷的显示特征

9.2.1 缺陷迹痕显示的分类

缺陷迹痕显示一般是根据其形状、尺寸和分布状况进行分类的。渗透检测的质量验收标准不同，对缺陷显示的分类也不尽相同。通常应根据受检工件所使用的渗透检测质量验收标准进行具体分类。

仅仅依据缺陷迹痕显示的图形来对缺陷进行评定，通常是困难、片面的。所以，渗透检测标准等对缺陷迹痕显示进行等级分类时，一般将其分为线状缺陷迹痕显示、圆形缺陷迹痕显示和分散状缺陷迹痕显示等类型，如图 9-1 所示。

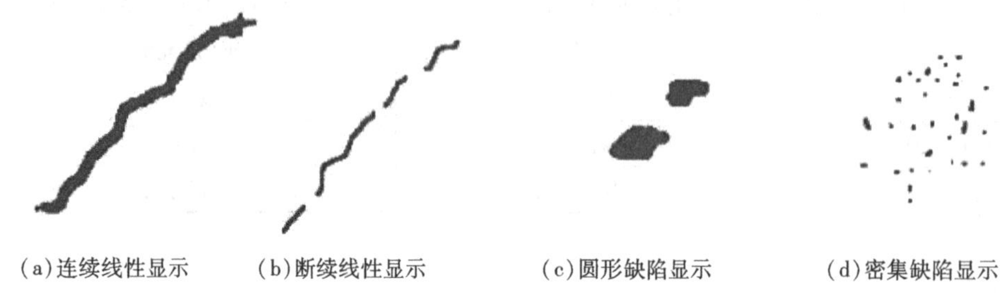

(a)连续线性显示　(b)断续线性显示　(c)圆形缺陷显示　(d)密集缺陷显示

图 9-1　缺陷迹痕显示分类

对于承压类特种设备的渗透检测而言，通常将缺陷迹痕分为线性、圆形、密集形，根据设备或试件的位置分为纵、横向显示等类型。

1. 线性缺陷迹痕显示

线性（也称为线状）缺陷迹痕显示通常是指长度与宽度之比大于 3 的缺陷迹痕显示。裂纹、冷隔或锻造折叠等缺陷通常产生典型的连续线性缺陷迹痕显示。

线性缺陷迹痕显示包括连续和断续线状缺陷迹痕显示两类。断续线状缺陷迹痕显示可能是排列在一条直线或曲线上的相邻很近的多个缺陷引起的，也可能是单个缺陷引起的。当工件进行磨削、喷丸、吹沙、锻造或机加工，使原来表面上的连续线性缺陷部分地堵塞住时，渗透检测后也会呈现为断续的线状迹痕显示。对于这类缺陷显示，应作为一个连续的长缺陷处理，即按一条线性缺陷进行评定。

2. 圆形缺陷迹痕显示

圆形缺陷迹痕显示通常是指长度与宽度之比不大于 3 的缺陷迹痕显示，即除了线性缺陷迹痕显示之外的其他缺陷迹痕显示，均属于圆形缺陷迹痕显示。圆形缺陷迹痕显示通常是由工件表面的气孔、针孔、缩孔或疏松等缺陷产生的。较深的表面裂纹在显像时能渗出大量的渗透剂，也可能在缺陷处扩散成圆形缺陷迹痕。小点状显示是由针孔、显微疏松产生的，由于这类缺陷较为细微，深度较小，故可能显示较弱。

3. 密集缺陷迹痕显示

在一定区域内存在多个圆形缺陷的迹痕显示为密集缺陷迹痕显示。不同类型、不同用途的工

件其质量验收等级要求不同,要求的区域的大小规定也不同,缺陷迹痕大小和数量的规定也不同。

4. 纵(横)向缺陷迹痕显示

对于轴类、棒类、焊接接头等工件的缺陷显示,当其迹痕显示的长轴方向与工件轴线或母线存在一定的夹角(一般为大于或等于 30°)时,通常按横向缺陷迹痕显示处理,其他则可按纵向缺陷迹痕显示处理。

9.2.2　缺陷的分类

按照形成缺陷的不同阶段,可将渗透检测的缺陷分为原材料缺陷、制造工艺缺陷和在役使用缺陷。

1. 原材料缺陷

原材料缺陷也称冶金缺陷、原材料的固有缺陷,它是金属在冶炼过程中,金属材料由液态凝固成固态时产生的缩管、夹杂物、气孔、钢锭裂纹等缺陷。例如,钢锭等经过开坯、冷热加工变形后,这些缺陷的形状、名称可能会发生改变,但仍然属于原材料缺陷。原钢锭中的夹杂或气孔,在棒材上的发纹;原钢锭中的气孔、缩孔或夹杂等经轧制后,在板材上的分层;钢锭中的裂纹残留在棒坯中经变形而产生的缝隙缺陷等。

2. 制造工艺缺陷

制造工艺缺陷是与工件制造的各种工艺因素有关的缺陷,这些制造工艺包括铸造、冲压、锻造、挤压、滚轧、机加工、焊接、表面处理和热处理等。制造工艺缺陷多数又称为加工缺陷,通常有下列几种情况:

(1)钢锭等原材料经过一定的变形加工后,在棒材、板材、丝材、管材或带材上,由于变形加工工艺的原因而形成的工艺缺陷。这些变形加工工艺有锻造、挤压、滚轧、拉拔、冲压、弯曲等,产生的缺陷有锻造裂纹、折叠、缝隙、冲压裂纹、弯曲裂纹等。

(2)在焊接和铸造时产生的缺陷,如裂纹、气孔、疏松、夹杂、冷隔、未焊透、未熔合等。对于铸造工件中的铸造缺陷,尽管在性质上与钢锭中的铸造缺陷相同,但由于铸造是工件的一种制造工艺,故铸件中的缺陷通常被纳入制造工艺缺陷。

(3)工件在车、铣、磨等机械加工,电解腐蚀加工,化学腐蚀加工,热处理,表面处理等工艺过程中产生的缺陷,如磨削裂纹、镀铬层裂纹、淬火裂纹、金属喷涂层裂纹等。

3. 在役使用缺陷

在役使用缺陷是工件在使用、运行过程中产生的新生缺陷,如针孔腐蚀、疲劳裂纹、应力腐蚀裂纹和磨损裂纹等。

9.2.3　常见缺陷的显示特征

1. 气孔

气孔是一种常见的缺陷。气孔的存在使工件的有效截面积减少,从而降低其承受外载的能力,特别是对弯曲和冲击韧性的影响较大,是导致工件破断的原因之一。

1)焊接气孔

焊接气孔是指焊接时,熔池中的气体未在金属凝固前逸出,残存于焊接接头之中所形成的空穴。该气体可能是熔池从外界吸收的,也可能是焊接冶金过程中反应生成的。焊接气孔是焊接件一种常见的缺陷,可分为表面气孔(工件外部气孔)和埋藏气孔(工件内部气孔)。根据分布情况不同,又可分为分散气孔、密集气孔和连续气孔等。气孔的大小差异也很大。

形成气孔的主要气体是氢气和一氧化碳,其来源是原来溶解于母材或焊条芯中的气体,但更主要的是焊接工艺方面的原因，如焊件未清理干净；焊接接头区有水、油、锈、油漆或气割残渣等；焊条药皮偏芯或磁偏吹，造成电弧不稳，保护不够；焊条受潮，尤其是碱性焊条埋弧自动焊时，焊丝未很好清理；焊剂未按规定要求烘焙；焊条药皮变质剥落，钢芯锈蚀；酸性焊条烘干温度过高（超过150 ℃），使造气剂成分变质失效，使焊接接头已失去了保护；采用过大的电流，使后半截焊条烧红等。焊接接头上焊接气孔的迹痕显示如图 9-2 所示。

2）铸造气孔

铸件中的气孔是由于工件在浇铸过程中，砂型所含的水分形成蒸气，致使金属液体吸入了过多的气体，在铸件凝固时，气体没有及时排出，而在工件内部形成的大致为梨形或球形的气孔缺陷。这种气孔的尖端与铸件表面相通，在机加工后露出表面，渗透检测很容易发现。铝、镁合金砂型铸件表面常发现这种气孔，其一般目视可见，在放大镜下观察，可看到气孔内表面是光滑的。砂型铸造气孔示意如图 9-3 所示。

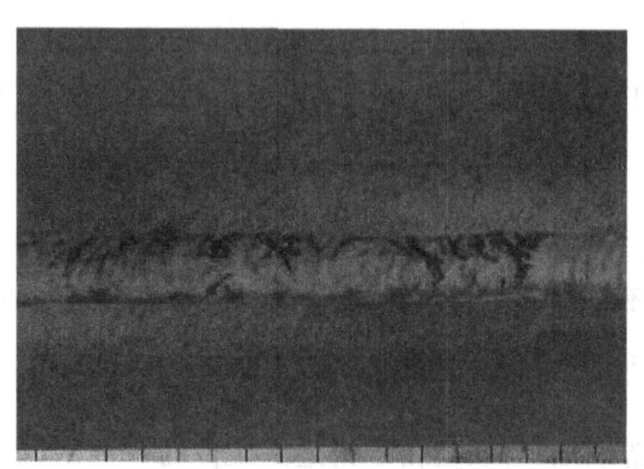

图 9-2　焊接接头上焊接气孔的迹痕显示

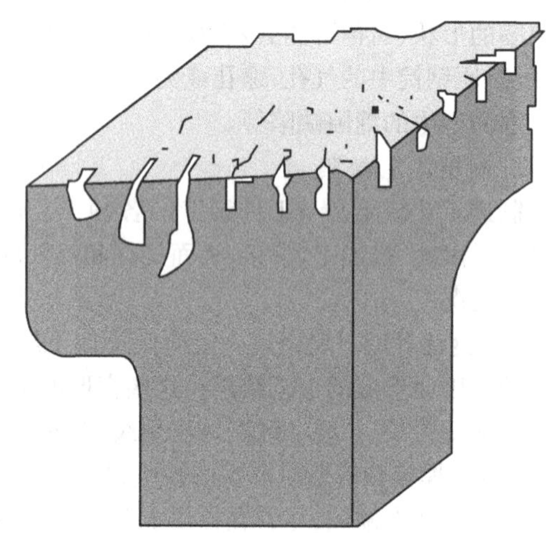

图 9-3　砂型铸造气孔示意

渗透检测时，表面气孔的显示一般呈圆形、椭圆形或长圆条形红色亮点或黄绿色荧光亮点，并均匀地向边缘减淡。由于回渗现象较为严重，气孔的缺陷痕迹显示通常会随显像时间的延长而迅速扩展。

2. 裂纹

工件中材料原子结合遭到破坏，形成新的界面而产生的缝隙称为裂纹。裂纹的种类很多，渗透检测中，常见的裂纹如下：

1）焊接裂纹

焊接裂纹是指在焊接过程中或焊接以后，焊接接头出现的金属局部破裂现象。焊接裂纹除了降低接头强度外，还由于裂纹端有尖锐的缺口，将引起较高的应力集中，使裂缝继续扩展，由此导致整个结构件的破坏。特别是承受动载荷时，这种缺陷是很危险的。因此，焊接裂纹是焊接接头中不能允许的缺陷。

焊接裂纹按其产生的部位不同，可分为纵向裂纹、横向裂纹、熔合区裂纹、根部裂纹、火口裂纹及热影响区裂纹等。按裂纹产生的温度和时间的不同，可分为热裂纹和冷裂纹。

（1）热裂纹。金属从结晶开始，一直到相变以前所产生的裂纹都称为热裂纹，又称为结晶裂纹。热裂纹的特征是沿晶开裂，具有晶间破坏性质，当与外界空气接触时，表面呈氧化色彩（蓝色、蓝黑色)。热裂纹常产生在焊接接头中心(纵向),或垂直于焊接接头呈鱼鳞波纹般不规则的锯齿状;也有呈放射状产生在断弧的弧坑(火口)处。微小的弧坑裂纹,用肉眼观察往往是不容易发现的。

渗透检测时,热裂纹迹痕显示一般呈略带曲折的波浪状或锯齿状红色细条线或黄绿色(荧光渗透时)细条状。但火口裂纹呈星状,较深的火口裂纹有时因渗透剂回渗较多使其迹痕扩展而呈圆形,但如用沾有清洗剂的棉球擦去显示后,裂纹的特征可清楚地显示出来。

(2)冷裂纹。冷裂纹是指在相变温度下的冷却过程中和冷却以后出现的裂纹,多出现在有淬火倾向的高强钢中。一般低碳钢工件,在刚性不大时不易产生这类裂纹。冷裂纹通常产生在焊接接头的热影响区,有时也在焊接接头金属中出现。冷裂纹的特征是穿晶开裂。冷裂纹不一定在焊接时产生,它可以延迟几个小时、甚至更长的时间才发生,所以又称延迟裂纹。冷裂纹的延迟特性和快速脆断特性使其具有很大的危害性。冷裂纹常产生于焊层下紧靠熔合线处,并与熔合线平行;有时焊根处也可能产生冷裂纹,这主要是由于缺口处造成了应力集中,如果此时钢材淬火倾向较大,则可能产生冷裂纹。

冷裂纹产生的原因:高强度钢(尤其是厚板)焊接热循环作用下,在热影响区很容易产生马氏体组织。近缝区加热温度高,晶粒显著长大,塑性大大降低。焊接接头金属通常含碳量低,冷却时,氢在焊接接头区的过饱和度大为增加,而向相邻的处于奥氏体状态的母材扩展并在此富集,所以近缝区称为富氢狭带。加之,近缝区金属转变得最迟,是在刚性较大条件下进行转变,会产生很大的应力。这样,产生冷裂纹的三个因素(淬硬组织、氢的富集、拉应力)在近缝区同时存在,所以容易产生冷裂纹。

层状撕裂:焊接具有丁字接头或角接头的厚大工件时,沿钢板的轧制方向分层出现的阶梯状裂纹,属冷裂纹,其产生原因主要是钢材在轧制过程中,非金属夹杂物沿杂质方向形成各向异性。在焊接应力或外加约束应力的作用下形成开裂。

再热裂纹:沉淀强化的材料工件的焊接接头冷却后再加热至 500 ~ 700 ℃时,一般会产生从熔合线向热影响区的粗晶区发展、呈晶间开裂特征的再热裂纹。

渗透检测时,冷裂纹的形状一般呈直线状红色或明亮黄绿色(荧光渗透时)细线条,中部稍宽,两端尖细,颜色或亮度逐渐减淡,直到最后消失。

各种裂纹迹痕显示如图 9-4 ~ 图 9-7 所示。

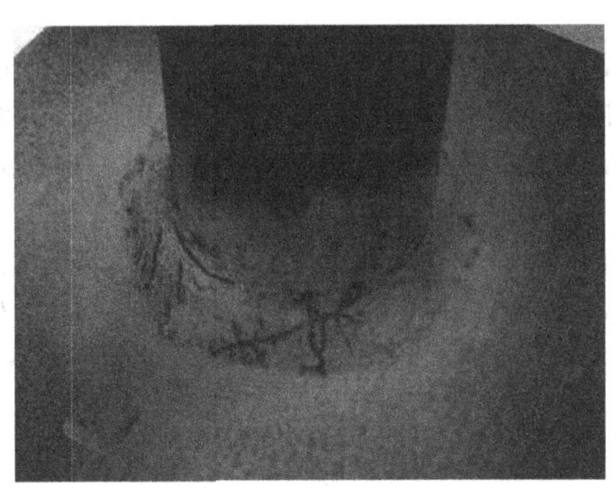

图 9-4　焊接接头纵向裂纹迹痕显示

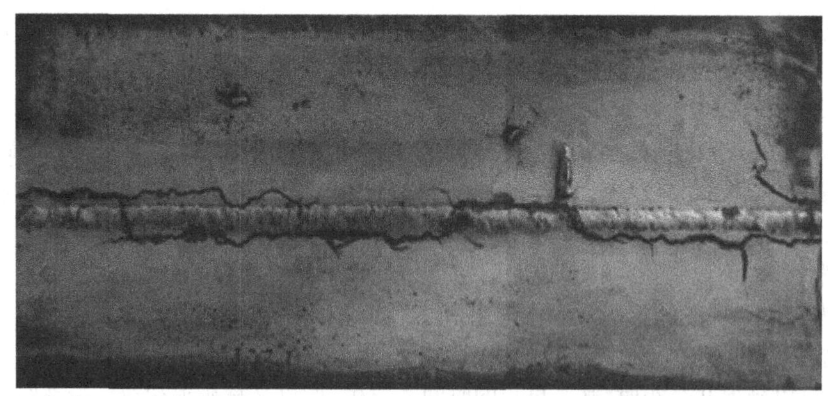

图 9-5　焊接接头冷裂纹迹痕显示

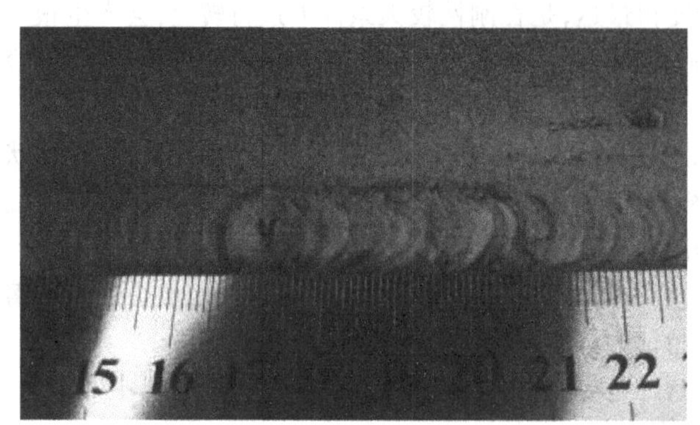

图 9-6　焊接接头弧坑裂纹迹痕显示

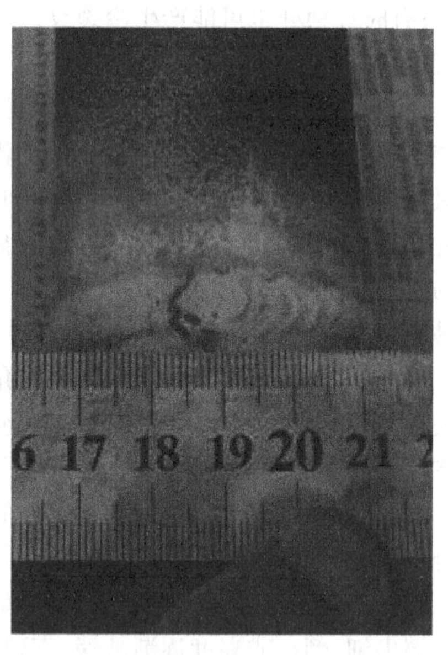

图 9-7　焊接接头横向裂纹迹痕显示

2）铸造裂纹

铸造裂纹是铸造金属液在接近凝固温度时，相邻区域冷却速度不同而产生了内应力；在凝固收缩过程中，由于内应力作用而产生的一种线状缺陷。根据产生裂纹时的温度不同，可将铸造裂纹分为热裂纹和冷裂纹。热裂纹是在高温下产生的，出现在热应力集中区，一般比较浅；冷裂纹是在低温时产生的，一般产生在厚薄交界处。

铸造裂纹深度和宽度比较大时，渗透剂渗入较多，渗透检测容易发现，裂纹迹痕显示呈锯齿状且端部尖细。深的裂纹迹痕显示，由于渗出的渗透剂较多，会失去裂纹的外形，有时甚至呈圆形迹痕显示。如用被清洗剂沾湿的布擦去迹痕显示部位，裂纹的外形特征可清楚地显现出来。

3）淬火裂纹

淬火裂纹是工件在热处理淬火过程中产生的裂纹，一般起源于刻槽、尖角等应力集中区。渗透检测时，淬火裂纹通常呈红色或明亮黄绿色（荧光渗透时）的细线条显示，呈线状、树枝状或网状，裂纹起源处宽度较宽，沿延伸方向逐渐变细。齿轮淬火裂纹迹痕显示如图 9-8 所示。

4）磨削裂纹

工件在磨削加工时，由于砂轮粒度不当、砂轮太钝、磨削进刀量太大、冷却条件不好或工件上碳化物偏析等原因，都可能引起磨削加工表面局部过热，在加工应力作用下而产生磨削裂纹。磨削裂纹一般比较浅微，其方向通常垂直于磨削方向，由热处理不当产生的磨削裂纹有的与磨削方向平行，并沿晶界分布或呈网状、鱼鳞状、放射状或平行线状分布。渗透检测时磨削裂纹显示呈红色断续条纹，有时呈现为红色网状条纹或黄绿色（荧光渗透时）亮网状条纹。磨削裂纹迹痕显示如图 9-9 所示。

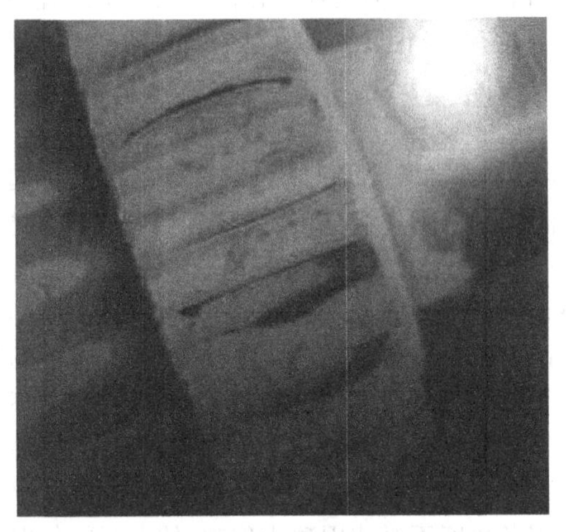

图 9-8　齿轮淬火裂纹迹痕显示（热处理）

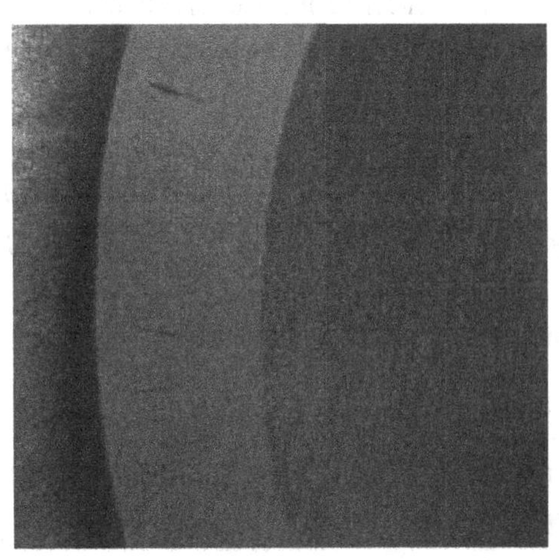

图 9-9　磨削裂纹迹痕显示（机加工）

5）疲劳裂纹

工件在使用过程中，长期受到交变应力或脉动应力作用，可能在应力集中区产生疲劳裂纹。疲劳裂纹往往从工件上划伤、刻槽、陡的内凹拐角及表面缺陷处开始，开口于工件表面，其方向与受力方向垂直，中间粗，两头尖。渗透检测时，迹痕显示呈红色光滑线条或黄绿色（荧光渗透时）亮线条，如图 9-10 所示。

6）应力腐蚀裂纹

应力腐蚀裂纹是处于特定腐蚀介质中的金属材料在拉应力作用下产生的裂纹。由于工件金属材料受到外部介质（雨水、酸、碱、盐等）的化学作用产生腐蚀坑，起到缺口作用造成应力集中，成为疲劳源，进一步在交变应力作用下不断扩展，最终导致腐蚀开裂。应力腐蚀裂纹通常与拉应力方向垂直，如图 9-11 所示。

图 9-10　疲劳裂纹

图 9-11　应力腐蚀裂纹

7)晶间腐蚀

奥氏体不锈钢的晶间析出铬的碳化物导致晶间贫铬,在介质的作用下晶界发生腐蚀,产生连续性的破坏,称为晶间腐蚀。

8)白点

白点是钢材在锻压或轧制加工时,冷却过程中未逸出的氢原子聚集在显微空隙中并结合成分子,对钢材产生较大的内应力,再加上钢材在热压力加工中产生的变形力和冷却过程相变产生的组织应力的共同作用下,导致钢材内部的局部撕裂。白点多为穿晶裂纹。在横向断口上表现为由内部向外辐射的不规则分布的小裂纹,在纵向断口上呈弯曲线状裂纹或银白色的圆形或椭圆形斑点,故称为白点。

3. 未熔合

未熔合是指焊接接头金属和母材之间或焊接接头金属与焊接接头金属之间未熔合在一起的缺陷。按未熔合所在部位的不同,可将其分为坡口未熔合、层间未熔合和根部未熔合。未熔合是虚焊,实际上也是未被电弧熔化焊合而留下的空隙,与未焊透的不同仅仅是没有熔化焊合的位置不同而已。未熔合是一种面积型缺陷,受外力作用时极易开裂,其危害性很大,是不允许存在的缺陷。

焊接时产生未熔合的主要原因是电流过小,焊速过快;因热量不够,使母材坡口或先焊的焊接接头金属未得到充分熔化;选用的电流过大,使后半根焊条发红而造成熔化太快,在母材边缘还没有达到熔化时,焊条的熔化金属已覆盖上去;母材坡口或先焊的焊接接头金属表面有厚锈、熔渣或脏物等未清除干净,焊接时未能将其熔化而盖上了熔化金属;焊件散热速度太快,或起焊处温度低,使母材的开始端未熔化。此外,因操作不当导致焊条角度不对或因磁力偏吹,使电弧热偏向一方,电弧作用较弱之处即使覆盖上熔化金属也容易产生未熔合。

渗透检测通常无法发现层间未熔合,坡口未熔合延伸到表面时渗透检测能发现。未熔合的迹痕显示呈现为直线状或椭圆状的红色条状或黄绿色(荧光渗透时)亮条线。45 号钢管接头的未熔合如图 9-12 所示。8 mm 不锈钢板焊接接头未熔合如图 9-13 所示。

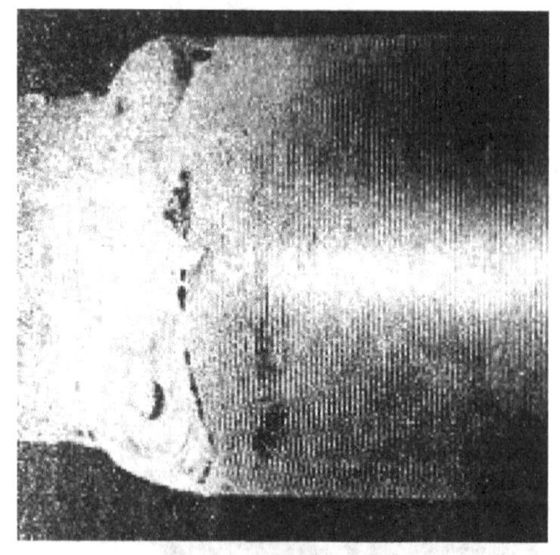

图 9-12 45 号钢管接头的未熔合

图 9-13 8 mm 不锈钢板焊接接头未熔合

4. 未焊透

未焊透是指母材金属未被电弧熔化,焊接接头金属没有进入焊接接头根部的现象。产生未焊透的部位往往也存在夹渣。未焊透能降低接头的机械性能,未焊透的缺口与尖角易产生应力集中，严重降低焊接接头的疲劳强度。

产生未焊透的原因是焊接电流太小，焊接速度太快，基体金属未得到充分熔化；坡口不正确，如坡口角度太小、钝边较大或间隙太小等。另外，当焊条角度太小或电弧偏吹，使电弧热能损失太大或偏向一方，电弧热作用较弱之处也容易产生未焊透。

渗透检测时，未焊透显示呈一条连续或断续的红色线条或黄绿色荧光（荧光渗透时）亮线条，宽度一般较均匀。

5. 缩孔和疏松

铸件在凝固结晶过程中，收缩或补缩不足所形成的不连续的形状不规则的孔洞称为缩孔。当缩孔产生于铸件内部呈多孔性组织分布时，称为疏松。经抛光或机加工后，有的能露出表面。露出工件表面的疏松，渗透检测时，能够较容易地显示出来。根据疏松形态不同，渗透检测显示有的呈密集点状，有的呈密集条状，有的呈聚集块状。每个点、条、块的显示又是由无数个小点显示连成一片而形成的。疏松的荧光迹痕显示如图 9-14 所示。

6. 冷隔

冷隔是铸件在浇铸时，由于浇铸温度太低，浇注时间过长、金属液会合时已接近凝固点以及浇注时金属流中断等金属熔液在铸模中不能充分流动而在铸件表面形成的不熔合，呈现为紧密的、断续的或连续的线状表面缺陷。冷隔常出现在远离浇口的薄壁截面处、过渡区或其他部位。

渗透检测时，冷隔迹痕显示为连续的或断续的光滑红色线条或黄绿色荧光亮线条，如图 9-15 所示。

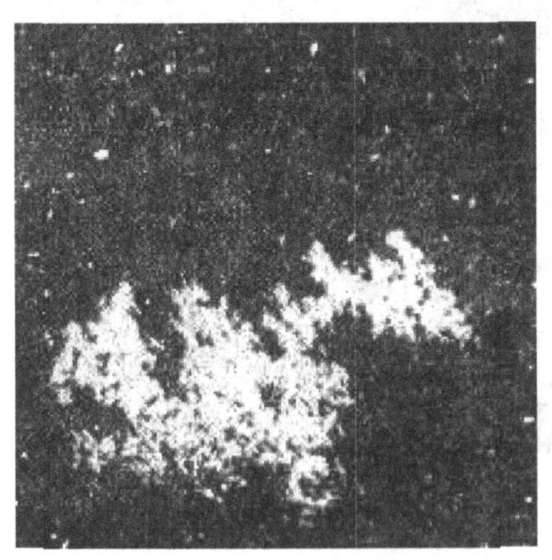

图 9-14 疏松的荧光迹痕显示

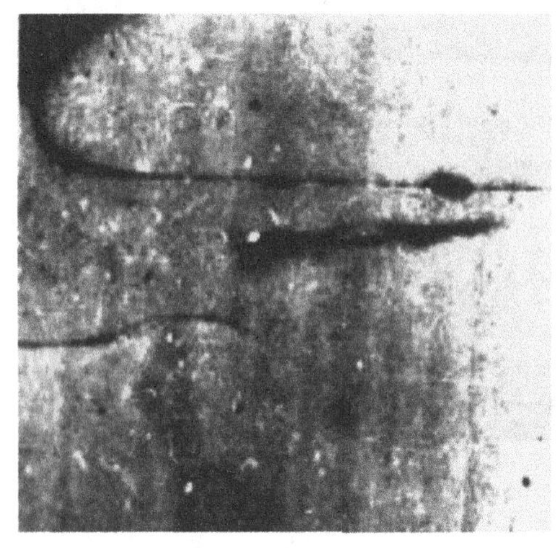

图 9-15 铸件中冷隔的着色迹痕显示

7. 折叠

在锻造和轧制工件的过程中，由于模具太大、材料在模具中放置位置不正确，坯料太大等原因而产生的一部分金属重叠在工件表面上的缺陷，称为折叠。

折叠通常与工件表面结合紧密，渗透剂渗入比较困难。但只要是露出表面的，仍然可以发现，渗透检测迹痕显示呈连续或断续红色线条或黄绿色荧光亮线条。

8. 其他缺陷

焊接夹渣和铸造夹渣均为常见缺陷，缺陷形状多种多样，很不规则，夹渣露出表面时，渗透检测可以发现。

缝隙是滚、轧、拉制棒材时，由于金属表面存在局部凹陷，滚轧后产生的沿棒材纵向分布且长而直的缺陷。拉制丝材时也可能产生这种缺陷，渗透检测容易发现。各种迹痕显示如图9-16～图9-19所示。

图9-16　钢板分层迹痕显示(原材料)

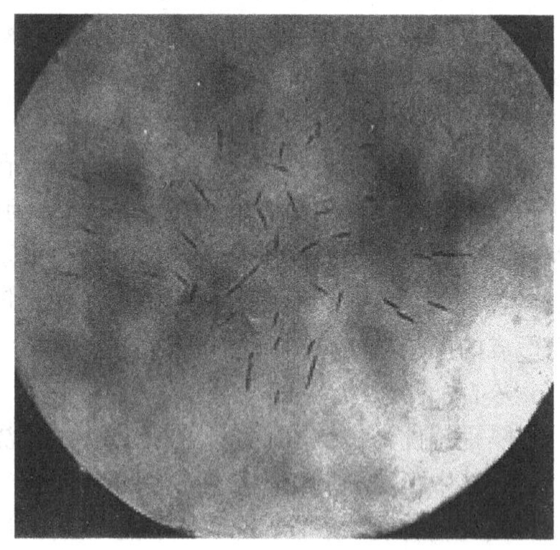

图9-17　白点(横断面)迹痕显示(原材料)

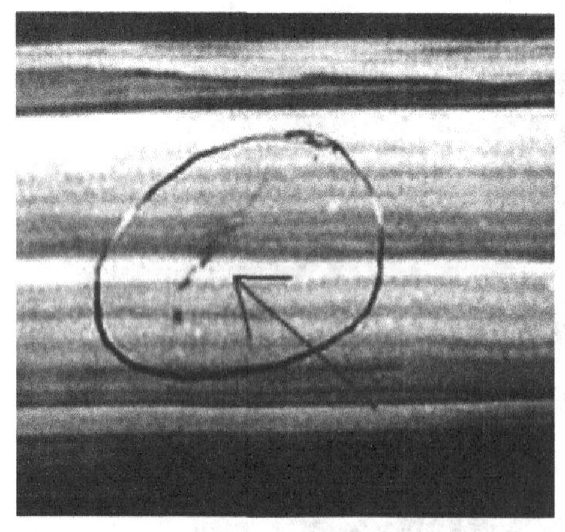

图9-18　棒材上的裂纹迹痕显示

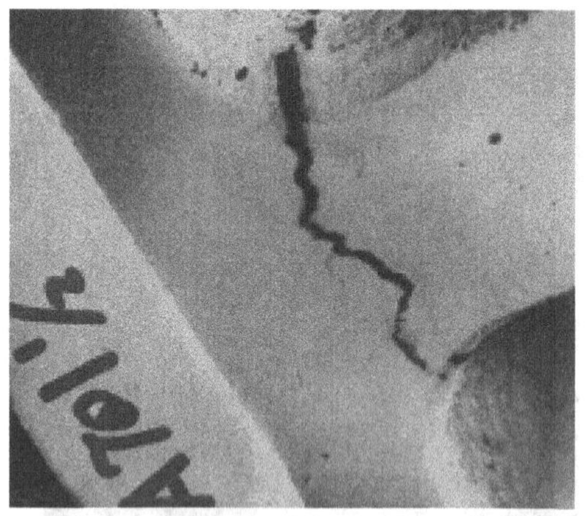

图9-19　收缩裂纹迹痕显示

9.3　缺陷迹痕显示的等级评定

9.3.1　缺陷迹痕显示等级评定的一般原则

渗透检测缺陷迹痕显示等级评定是对渗透检测显示做出解释之后，确定其是否符合规定的验收标准的过程。对渗透检测得到的迹痕显示，通过观察、解释和分析，确定为缺陷迹痕显示的，按照相关标准或技术文件等的要求进行分类和质量等级评定，并在此基础上进行质量验收，判定受检工件的质量是否合格。

评定时,对缺陷显示均应进行定位、定量及定性。由于渗透剂的扩展,渗透检测缺陷迹痕显示尺寸通常远远大于缺陷实际尺寸,显像时间对缺陷评定的准确性有明显影响,这在定量评定中应特别注意。当显像时间太短时,缺陷迹痕显示甚至不会出现。而在湿式显像中,随着显像时间的延长,缺陷迹痕显示不断扩散、放射,从而使相邻缺陷的迹痕显示图形,可能就好像一个缺陷一样。随着显像时间的延长,不断地观察缺陷迹痕显示的形貌的变化,才能够比较准确地评价缺陷大小和种类。因此,在进行缺陷迹痕显示的等级分类和评定时,按照渗透检测标准或技术说明书上所规定的渗透检测显像时间进行观察和评定是十分必要的。

缺陷迹痕显示的等级评定均只针对由缺陷引起的迹痕显示进行,即只针对相关显示进行。当能够确认迹痕显示是由外界因素或操作不当等因素造成时,不必进行迹痕显示的记录和评定。缺陷迹痕显示评定等级后,需按指定的质量验收等级验收,对受检工件做出合格与否的结论。对于明显超出质量验收标准的超标缺陷迹痕显示,可立即做出不合格的结论。对于那些尺寸接近质量验收标准的缺陷迹痕显示,需在适当的观察条件下(必要时借助放大镜)进一步仔细观察,测出缺陷迹痕显示的尺寸和确定缺陷的性质后,才能做出结论。对于存在超标缺陷而又允许打磨或补焊的工件,应在打磨后再次进行渗透检测,确认缺陷已经被消除后,然后进行补焊。补焊后还需要再次进行渗透检测或采用其他无损检测方法进行验收确认。

9.3.2 渗透检测质量验收标准

应当指出,渗透检测所给出的缺陷迹痕显示图形,只给出了呈现在表面的二维平面形状和长度、宽度尺寸,既缺乏关于深度方向的尺寸、缺陷尖端形状等信息,也缺乏缺陷内部形状、缺陷性质等信息,难以按照缺陷对工件结构安全性、完整性的影响大小来进行等级分类。因此,渗透检测质量验收标准规定的质量等级分类,仅仅是针对工件表面上缺陷的形状和尺寸(长、宽)进行的,属于质量控制范畴。渗透检测质量验收标准通常按以下方法制定:

(1)引用类似工件的现有质量验收标准,这些现有标准都是经过长时间的实际使用考核后,被证明是可靠的。

(2)按一定的工艺试生产一批工件,进行渗透检测,对渗透检测发现存在缺陷的工件进行破坏性试验,如强度试验、疲劳试验等,根据试验结果制定出合适的质量验收标准。

(3)根据经验或理论的应力分析,制定出质量验收标准;还可通过对存在典型类型缺陷的工件进行模拟实际工况的试验,然后制定出质量验收标准。

对于承压类特种设备工件,渗透检测标准、缺陷迹痕显示的质量验收标准通常由相关标准或技术规范给予规定。

9.3.3 缺陷迹痕显示评定的一般要求

对能够确定为是由裂纹类缺陷(如裂纹、白点等)引起的缺陷迹痕显示,由于其严重影响工件结构的安全性、完整性,是最危险的缺陷类型,因此绝大多数渗透检测标准均对其不进行质量等级分类,而直接评定为不允许的缺陷显示迹痕。

对于小于肉眼所能够观察的极限值尺寸的渗透检测迹痕显示,难于进行定量测定和性质判断,一般可以忽略不计。

进行渗透检测缺陷显示迹痕的评定时,长度与宽度之比大于 3 的,一般按线性缺陷处理;长度与宽度之比小于或等于 3 的,一般按圆形缺陷评定、处理。圆形缺陷显示迹痕的直径一般是指其在任何方向上的最大尺寸。

对于线性缺陷显示的长轴方向与工件(轴类、管类或焊接接头)轴线或母线的夹角大于或等于30°时,一般按横向缺陷进行评定、处理,其他按纵向缺陷进行评定、处理。

对于两条或两条以上线性缺陷显示迹痕,当在同一条直线上且间距不大于2 mm时,应合并为一条缺陷显示迹痕进行评定、处理,其长度为两条缺陷显示迹痕之和加间距。

9.3.4 质量验收标准实例

NB/T 47013.5—2015《承压设备无损检测　第5部分:渗透检测》是锅炉、压力容器、压力管道等承压类特种设备的渗透检测方法标准和质量验收标准,相关规定要求按照其对缺陷迹痕显示进行分类、记录和分级评定。具体要求见标准《承压设备无损检测　第5部分:渗透检测》(NB/T 47013.5—2015)中的8.1和8.2。

8.1　检测结果评定

8.1.1　显示分为相关显示、非相关显示和伪显示。非相关显示和伪显示不必记录和评定。

8.1.2　小于0.5 mm的显示不计,其他任何相关显示均应作为缺陷处理。

8.1.3　长度与宽度之比大于3的相关显示,按线性缺陷处理;长度与宽度之比小于或等于3的相关显示,按圆形缺陷处理。

8.1.4　相关显示在长轴方向与工件(轴类或管类)轴线或母线的夹角大于或等于30°时,按横向缺陷处理,其他按纵向缺陷处理。

8.1.5　两条或两条以上线性相关显示在同一条直线上且间距不大于2 mm时,按一条缺陷处理,其长度为两条相关显示之和加间距。

8.2　质量分级

8.2.1　不允许任何裂纹,紧固件和轴类零件不允许任何横向缺陷显示。

8.2.2　焊接接头的质量分级按表5进行。

表5　焊接接头的质量分级

等级	线性缺陷	圆形缺陷(评定框尺寸为35 mm×100 mm)
Ⅰ	l≤1.5	d≤2.0,且在评定框内不大于1个
Ⅱ	大于Ⅰ级	

注:l表示线性缺陷显示长度,mm;d表示圆形缺陷显示在任何方向上的最大尺寸,mm。

8.2.3　其他部件的质量分级见表6。

表6　其他部件的质量分级

等级	线性缺陷	圆形缺陷(评定框尺寸2 500 mm^2其中一条矩形边的最大长度为150 mm)
Ⅰ	不允许	d≤2.0,且在评定框内少于或等于1个
Ⅱ	l≤4.0	d≤4.0,且在评定框内少于或等于2个
Ⅲ	l≤6.0	d≤6.0,且在评定框内少于或等于4个
Ⅳ	大于Ⅲ级	

注:l表示线性缺陷显示长度,mm;d表示圆形缺陷显示在任何方向上的最大尺寸,mm。

9.4 渗透检测记录和报告

9.4.1 缺陷的记录

非相关显示和虚假显示不必记录和评定。

对缺陷显示迹痕进行评定后,有时需要将发现的缺陷形貌记录下来,缺陷记录方式一般有如下几种:

1. 草图记录

画出工件草图,在草图上标注出缺陷的相应位置、形状和大小,并说明缺陷的性质。这是最常见的缺陷迹痕显示的记录方式。

2. 照相记录

在适当光照条件下,用照相机直接把显示的迹痕缺陷拍下来。着色渗透显示需要在白光下拍照,最好用数码照相机,这样记录的缺陷迹痕显示图像更真实、方便。荧光渗透检测显示需要在紫外线灯下拍照,拍照时,镜头上要加黄色滤光片,且采用较长的曝光时间。可采用在白光下极短时间曝光以产生工件的外形,不变的曝光条件,继续在紫外线下进行曝光,这样可得到在清楚的工件背景上的缺陷迹痕显示图像的荧光显示。

3. 可剥性塑料薄膜等方式记录

采用溶剂蒸发后会留下一层带有显示的可剥离薄膜层(或称可剥性塑料薄膜)的液体显像剂显像后,将其剥离并贴到玻璃板上保存起来。剥离的显像剂薄膜包含有缺陷迹痕显示图像,着色渗透检测时在白光下、荧光渗透检测时在紫外线灯下,可看见缺陷迹痕显示图像。

4. 录相记录

对于渗透检测过程和缺陷,也可以在适当的光照条件下,采用模拟或数字式录像机完整记录缺陷迹痕显示的形成过程和最终形貌。

9.4.2 检测记录和报告

1. 检测记录

应按照现场操作的实际情况详细记录检测过程的有关信息和数据。渗透检测记录除符合NB/T 47013.1的规定外,还至少应包括下列内容:

(1)检测设备:渗透检测剂名称和牌号;

(2)检测规范:检测灵敏度校验、试块名称、预处理方法、渗透剂施加方法、乳化剂施加方法、去除方法、干燥方法、显像剂施加方法、观察方法和后清洗方法、渗透温度、渗透时间、乳化时间、水压及水温、干燥温度和时间、显像时间;

(3)相关显示记录及工件草图(或示意图);

(4)记录人员和复核人员签字。

2. 检测报告

应依据检测记录出具检测报告。渗透检测报告除符合 NB/T 47013.1 的规定外,还至少应包括下列内容:

(1)委托单位;

(2)检测工艺规程版次、作业指导书编号;

(3)检测比例、检测标准名称和质量等级；

(4)检测人员和审核人员签字及其资格；

(5)报告签发日期。

部分检测报告示例如下：

管板焊接接头渗透检测报告

试件编号		材　质		规　格	mm
检测方法		试块型号		表面状况	
渗透剂型号		清洗剂型号		显像剂型号	
渗透时间	min	清洗时间	min	显像时间	min
执行标准		合格级别		试件温度	℃

缺陷序号	S_1/mm	S_2/mm		L_{max}/mm	n	缺陷性质	评定级别	备　注

缺陷部位示意图：

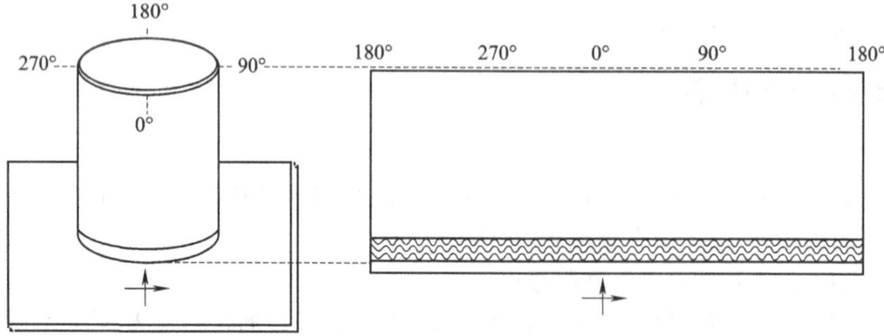

说明：1. 展开的方法是，背部展开，面对检验者的编号位置为零点。

2. 示意图应标明零点展开后显示的缺陷位置。

检测结论		日　期	

试管焊接接头渗透检测报告

试件编号		材　质		规　格	mm
检测方法		试块型号		表面状况	
渗透剂型号		清洗剂型号		显像剂型号	
渗透时间	min	清洗时间	min	显像时间	min
执行标准		合格级别		试件温度	℃

缺陷序号	S_1/mm	S_2/mm		L_{max}/mm	n	缺陷性质	评定级别	备　注

缺陷部位示意图：

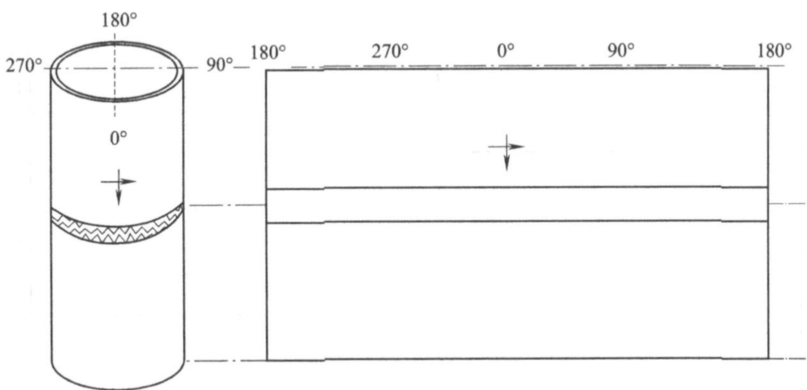

说明:1. 展开的方法是,背部展开,面对检验者的编号位置为零点。

2. 示意图应标明零点展开后显示的缺陷位置。

检测结论		日　期	

试板焊接接头渗透检测报告

试件编号		材　　质		规　　格	mm
检测方法		试块型号		表面状况	
渗透剂型号		清洗剂型号		显像剂型号	
渗透时间	min	清洗时间	min	显像时间	min
执行标准		合格级别		试件温度	℃

缺陷序号	S_1/mm	S_2/mm		L_{max}/mm	n	缺陷性质	评定级别	备　注

缺陷部位示意图：

编号

说明：1. 标注的方法是，面对检验者的左上角编号侧为零点。

2. 示意图应标明缺陷显示的尺寸位置。

检测结论		日　　期	

第10章 渗透检测通用工艺规程和作业指导书

10.1 渗透检测通用工艺规程

10.1.1 渗透检测通用工艺规程编制依据

渗透检测通用工艺规程应根据相关法规、安全技术规范、技术标准和有关的技术文件,并针对本单位的所有应检产品(或检测对象)的结构特点和检测能力进行编制。渗透检测通用工艺规程应涵盖本单位(制造、安装或检验检测单位)产品(或检测对象)的检测范围。

10.1.2 渗透检测通用工艺规程的作用

渗透检测通用工艺规程用于指导渗透检测工程技术人员及实际操作人员进行渗透检测工作,处理渗透检测结果,进行质量评定并做出合格与否的结论,从而完成渗透检测任务的技术文件;它是保证渗透检测结果的一致性和可靠性的重要措施。

10.1.3 渗透检测通用工艺规程的内容

渗透检测通用工艺规程一般以文字说明为主,应具有一定的覆盖性、通用性和可选择性。渗透检测通用工艺规程至少应包括以下内容:

(1)通用工艺规程版本号。

(2)适用范围:指明该通用工艺规程适用哪类工件或哪组工件,哪种产品的焊接接头及焊接接头的类型等。

(3)引用标准、法规:技术文件引用的法规、安全技术规范和技术标准等。

(4)对检测人员的资格、视力等要求。

(5)检测设备和器材,以及检定、校准或核查的要求及运行核查的项目、周期和性能指标。

(6)通用工艺规程涉及的相关因素项目及其范围。

(7)不同检测对象的检测技术和检测工艺选择,指明进行渗透检测时可选择的渗透检测方法,渗透检测剂的施加方法,清洗或去除方法、干燥方法,观察方式,渗透、乳化及显像的时间和温度控制,清洗用水压、水温及水流量控制,干燥的温度和时间的要求以及后清洗的要求,以及对操作指导书的要求等。

(8)检测实施要求,检测时机、检测前的表面准备要求、检测标记、检测后处理要求等。

(9)检测结果的评定和质量分级:指明检测结果评定所依据的技术标准、安全技术规范和验收级别等。

(10)检测记录的要求:规定检测记录内容及格式要求等。

(11)检测报告的要求:规定检测报告内容及格式要求,资料、档案管理要求,安全管理规定等。

(12)编制(级别)、审核(级别)和批准人的要求。

(13)制定日期。

10.1.4 渗透检测通用工艺规程的管理

渗透检测通用工艺规程的编制、审核及批准应符合相关法规、安全技术规范或技术标准的规定。尽量安排无损检测责任人员编写,充分发挥Ⅲ级或Ⅱ级人员作用,充分发挥无损检测规程在实际检测过程中的作用,保证检测质量。

1.渗透检测通用工艺规程的更改

当产品设计资料、制造加工工艺规程、技术标准等发生更改,或发现渗透检测通用工艺规程本身有错误或漏洞,或渗透检测工艺方法需要改进时,都要对渗透检测通用工艺规程进行更改。更改时,需要履行更改签署手续,更改工作最好由原编制和审核人员进行。

2.渗透检测通用工艺规程的偏离

渗透检测通用工艺规程必须经过验证以后方可批准实施,经批准后,检测人员应严格执行工艺规程所规定的各项条款;如因渗透检测设备仪器的更换,渗透检测剂或辅助材料的代用等,使渗透检测通用工艺规程产生偏离时,应经验证并报技术负责人批准后方可偏离使用。

3.渗透检测通用工艺规程的报废

由于渗透检测工序被取代,或由其他无损检测方法取代,则原渗透检测通用工艺规程应予报废。渗透检测通用工艺规程的报废应由编制人员提出报废申请,技术负责人批准即可。

10.1.5 渗透检测通用工艺规程举例

下面以承压设备渗透检测工艺规程为例进行说明。规程内容如下:

承压设备渗透检测工艺规程

(按 NB/T 47013.5—2015 编制)

1.主题内容和适用范围

1.1 本规程规定了渗透检测人员资格、设备、器材、检测技术和质量分级等。

1.2 本规程依据 NB/T 47013.5—2015 编写,适用于非多孔性金属材料制承压设备在制造、安装及使用中产生的表面开口缺陷的着色检测。

1.3 本规程采用ⅡC-d、ⅡA-d 的渗透检测方法,适用的工件温度是 5~50 ℃。当工件温度不在 5~50 ℃,又不能通过加温或冷却至上述温度范围内时,应按照附录 A 的要求做对比试验,确定检测规范后方可使用。

1.4 本规程与工程所要求执行的有关标准、规范、施工技术文件有抵触时,应以有关标准、规范、施工技术文件为准。

1.5 操作指导书是对本规程的补充,由渗透Ⅱ级人员按合同要求及本规程编写,检测责任师审核,其参数规定得更具体。

2.依据标准

2.1 NB/T 47013.1—2015 《承压设备无损检测 第1部分:通用部分》

2.2 TSG Z 8001—2019 《特种设备无损检测人员考核规则》

2.3 GB 150.1~150.4—2011 《压力容器》

2.4 TSG 21—2016 《固定式压力容器安全技术监察规程》

2.5 GB 12337—2014 《钢制球形储罐》

2.6 GB 50236—2011 《现场设备、工业管道焊接工程施工规范》

2.7 GB 50235—2010 《工业金属管道工程施工规范》

2.8 TSG D 0001—2009 《压力管道安全技术监察规程(工业管道)》

2.9 GB 50517—2010 《石油化工金属管道工程施工质量验收规范》

2.10 SH 3501—2011 《石油化工有毒、可燃介质钢制管道工程施工及验收规范》

3. 检测人员要求

3.1 从事渗透检测的人员必须经过技术培训，并按照 TSG Z 8001—2019《特种设备无损检测人员考核规则》的要求取得无损检测资格，所持证书经注册且在有效期内。

3.2 从事渗透检测的工作人员按等级分为Ⅰ(初级)、Ⅱ(中级)、Ⅲ(高级)，不同等级的人员，只能从事相应等级的技术工作，并负相应的技术责任。

3.3 渗透检测人员未经矫正或经矫正的近(小数)视力和远(距)视力应不低于5.0。测试方法应符合 GB 11533—2011 的规定，且应一年检查一次，不得有色盲。

4. 渗透检测步骤

渗透检测操作的基本步骤如下：

(1)预处理；

(2)施加渗透剂；

(3)去除多余的渗透剂；

(4)干燥处理；

(5)施加显像剂；

(6)观察及评定；

(7)后处理。

5. 检测工艺文件

5.1 本规程涉及的相关因素项目及具体要求和范围如表 1 所示。

表 1 工艺规程涉及的相关因素

序 号	相关因素	具体要求和范围
1	被检测工件的类型、规格(形状、尺寸、壁厚和材质等)	详见本规程“1”
2	依据的法规、标准	详见本规程“2”
3	检测设备器材以及校准、核查、运行核查或检查的要求	详见本规程“7”
4	检测工艺(渗透方式、去除方式、干燥方法、显像方法和观察方法等)	详见本规程“9”
5	检测技术	详见本规程“1.3”
6	工艺试验报告	详见本规程“5.4”
7	缺陷评定与质量分级	详见本规程“11”

5.2 凡 5.1 中规定的相关因素的变化超出原检测工艺规程时，应重新编制或修订工艺规程并进行必要的验证。

5.3 操作指导书应根据工艺规程的内容和被检工件的检测要求编制，应该将操作指导书文件化和格式化，具体内容应满足NB/T 47013.1—2015、NB/T 47013.5—2015和本规程的规定。

5.4 操作指导书的工艺验证

(1)操作指导书首次应用前应进行工艺验证。

(2)使用新的渗透检测剂、改变或替换渗透检测剂类型或操作规程时，实施检测前应用镀铬试块检验渗透检测剂系统的灵敏度及操作工艺的正确性。

(3)一般情况下每周应用镀铬试块检验渗透检测剂系统的灵敏度及操作工艺的正确性。检测前、检测过程中或检测结束认为必要时应随时检验。

(4)在室内固定场所进行检测时，应定期测定检测环境可见光照度。

6. 安全要求

6.1 防火措施

(1)操作现场应干净整洁，并有切实可行的防火措施。

(2)避免在火焰附近以及高温环境下操作，如果温度超过50 ℃应特别引起注意。操作现场禁止有明火存在。

(3)绝不允许压力喷罐直接放在火焰附近加温，可用30 ℃以下温水加热。

(4)避免阳光直射盛装探伤剂的容器。

6.2 劳动卫生安全防护措施

(1)在不影响探伤灵敏度的前提下，尽可能选用低毒配方的探伤试剂。

(2)工作场所要通风良好，尽量降低空气中有毒物质浓度。

(3)严格遵守操作规程，喷洒探伤剂时，人最好立于上风处。正确使用防护用品，如口罩、橡胶手套、防护眼镜等。

6.3 要做到“工完料尽场地清”，检测完成后，现场使用完的喷罐要带走，统一处理，不得遗弃在现场，不能发生环境污染事故。

7. 检测设备、器材及其要求

7.1 渗透检测剂

7.1.1 本规程采用的渗透检测剂为DPT系列，包括渗透剂、清洗剂和显像剂。

7.1.2 所采用的渗透检测剂必须具有良好的检测性能，对工件无腐蚀，对人体基本无毒害作用。必须标明生产日期和有效期，并附带产品合格证和使用说明书。

7.1.3 对于喷罐式渗透检测剂，喷罐表面不得有锈蚀，喷罐不得出现泄漏。

7.1.4 对于镍基合金材料，硫的总含量质量比应小于2×10^{-4}，一定量渗透检测剂蒸发后残渣中的硫元素含量的质量比不得超过1%。如有更高要求，可由供需双方另行商定。

7.1.5 对于奥氏体钢、钛及钛合金，卤素总含量(氯化物、氟化物)质量比应少于2×10^{-4}，一定量渗透检测剂蒸发后残渣中的氯、氟元素含量的质量比不得超过1%。如有更高要求，可由供需双方另行商定。

7.1.6 渗透检测剂应根据承压设备的具体情况进行选择。对同一检测工件，一般不应混用不同类型的渗透检测剂。

7.2 试块

7.2.1 铝合金对比试块(A型对比试块)

铝合金试块尺寸如图1所示，同一试块剖开后具有相同大小的两部分，并打上相同的序号，分别标以A、B记号，A、B试块上均应具有细密相对称的裂纹图形。

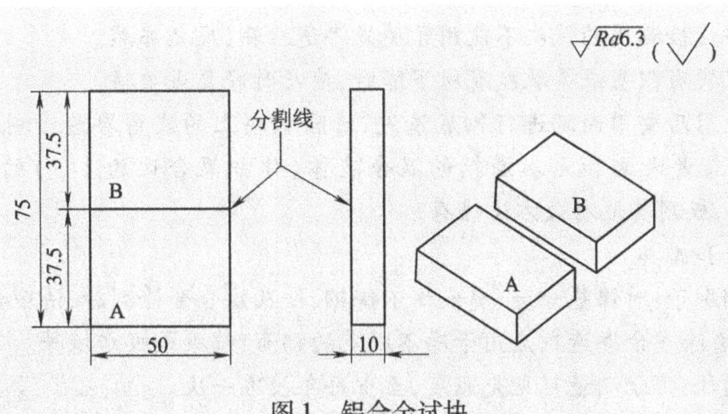

图 1 铝合金试块

主要用于以下两种情况：

(1)在正常使用情况下，检验渗透检测剂能否满足要求，以及比较两种渗透检测剂性能的优劣；

(2)对用于非标准温度下的渗透检测方法作出鉴定。

7.2.2 镀铬试块(B 型试块)

将一块材料为 S30408 或其他不锈钢板材加工成尺寸如图 2 所示的试块，在试块上单面镀铬，镀铬层厚度不大于 150 μm，表面粗糙度 Ra = 1.2 ~ 2.5 μm。在镀铬层背面中央选相距约 25 mm 的 3 个点位，用布氏硬度法在其背面施加不同负荷，在镀铬面形成从大到小、裂纹区长径差别明显、肉眼不易见的 3 个辐射状裂纹区，按大小顺序排列区位号分别为 1、2、3。裂纹尺寸分别见表 1。

表 2 三点式 B 型试块表面的裂纹区长径

单位：mm

裂纹区次序	1	2	3
裂纹区长直径	3.7 ~ 4.5	2.7 ~ 3.5	1.6 ~ 2.4

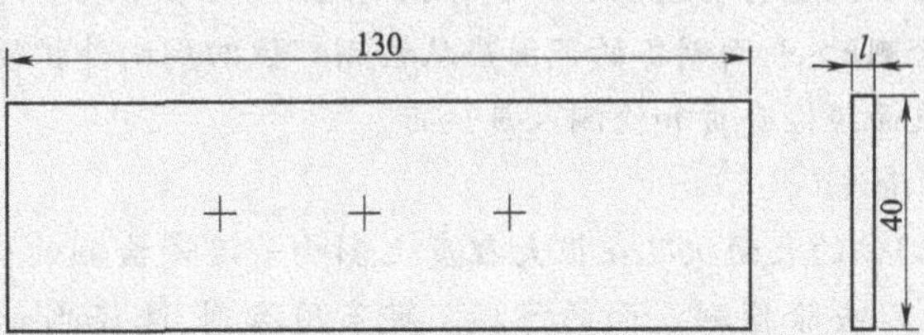

说明：
l——试块厚度3~4 mm。

图 2 三点式 B 型试块

镀铬试块主要用于检验渗透检测剂系统的灵敏度及操作工艺的正确性。不同灵敏度等级在镀铬试块上可显示的裂纹区位数应按表 3 的规定。

表 3 灵敏度等级

灵敏度等级	可显示的裂纹区
A 级	1 ~ 2
B 级	2 ~ 3
C 级	3

7.2.3 着色渗透检测用的试块不能用于荧光渗透检测，反之亦然。

7.2.4 发现试块有阻塞或灵敏度有所下降时，应及时修复或更换。

7.2.5 试块使用后要用丙酮进行彻底清洗，清除试块上的残留渗透检测剂。清洗后，再将试块放入装有丙酮或者丙酮和无水酒精的混合液体（体积混合比为 1∶1）的密闭容器中浸渍 30 min后，干燥保存，或用其他有效方法保存。

7.3 其他材料和工具

7.3.1 不锈钢刷子：对镍基合金、奥氏体不锈钢、钛及钛合金检测时，清理金属表面。

7.3.2 抹布：去除多余渗透剂应用干净不脱毛的棉布、棉纱或吸水纸等。

7.3.3 光照度计：用于测量可见光照度，至少每年校准一次。

7.3.4 照明：着色渗透检测时，通常工件被检面处可见光照度应大于或等于 1 000 lx；当现场采用便携式设备检测，由于条件所限无法满足时，可见光照度可以适当降低，但不得低于 500 lx。

8. 检测时机

8.1 除非另有规定，焊接接头的渗透检测应在焊接完工后或焊接工序完成后进行。对有延迟裂纹倾向的材料，至少应在焊接完成 24 h 后进行焊接接头的渗透检测。

8.2 紧固件和锻件的渗透检测一般应安排在最终热处理之后进行。

9. 渗透检测操作方法

9.1 预处理

9.1.1 表面准备

(1)工件被检表面不得有影响渗透检测的铁锈、氧化皮、焊接飞溅、铁屑、毛刺以及各种防护层。

(2)被检工件机加工表面粗糙度 $Ra \leqslant 25$ μm；被检工件非机加工表面的粗糙度可适当放宽，但不得影响检测结果。

(3)表面可以通过打磨或机加工制备，但禁止使用喷砂或喷丸，以防堵塞缺陷开口。

(4)局部检测时，表面制备的范围应从检测部位四周向外扩展至少 25 mm。

(5)被检表面经检查员和检测人员认可。

9.1.2 预清洗

由于检测部位的表面状况在很大程度上影响着渗透检测的检测质量，因此在表面清理之后应进行预清洗，以去除检测表面的污垢。可采用溶剂、洗涤剂等进行清洗，清洗范围应不低于 9.1.1(3)的要求。铝、镁、钛合金和奥氏体钢制零件经机械加工的表面，如确有需要，可先进行酸洗或碱洗，然后再进行渗透检测。清洗后，检测面上遗留的溶剂和水分等必须干燥，且应保证在施加渗透剂前不被污染。

9.2 施加渗透剂

用压力喷罐进行喷涂或用毛刷进行刷涂，使工件被检部位被渗透剂充分覆盖。在 10 ~ 50 ℃ 的温度条件下，渗透剂持续时间一般不少于 10 min。在 5 ~ 10 ℃ 的温度条件下，渗透剂持续时间一般不少于 20 min 或者按照说明书进行操作。在渗透剂持续时间内要间隔一段时间进行一次喷涂或刷涂，以保持表面湿润。当温度条件不能满足时，应按附录 A 对操作方法进行鉴定。

9.3 去除多余渗透剂

9.3.1 在清洗工件被检表面多余的渗透剂时，应注意防止过度清洗而使检测质量下降，同时也应注意防止清洗不足而造成缺陷显示识别困难。

9.3.2　溶剂去除型渗透剂用清洗剂清洗。除特别难于清洗的地方外，一般应先用干净不脱毛的布依次擦拭，直至大部分多余渗透剂被清除后，再用蘸有清洗剂的干净不脱毛的布或纸进行擦拭，直至将被检面上多余的渗透剂全部擦净。但必须注意，不得往复擦拭，不得用清洗剂直接在被检面冲洗。

9.3.3　水洗型渗透剂可用水去除。冲洗时，水射束与被检面的夹角以30°为宜，水温为10～40 ℃，如无特殊规定，冲洗装置喷嘴处的水压应不超过0.34 MPa。在无冲洗装置时，可采用干净不脱毛的抹布蘸水依次擦洗。

9.4　干燥

多余渗透剂去掉后表面应采用擦拭，自然挥发或热风干燥。但工件表面温度不得大于50 ℃。当采用溶剂去除多余渗透剂时，应在室温下自然干燥，干燥时间通常为5～10 min。

9.5　施加显像剂

9.5.1　本规程使用溶剂悬浮显像剂，并采用喷涂的方法施加。

9.5.2　显像剂使用前应搅动均匀，喷施显像剂时，喷嘴离被检面距离为300～400 mm，喷洒方向与被检面夹角为30°～40°，确保整个被检表面覆盖一层薄而均匀的显像剂。

9.5.3　显像时间取决于显像剂种类、需要检测的缺陷大小以及被检工件温度等，一般为7～60 min。

9.6　观察

9.6.1　对于溶剂悬浮显像剂应遵照说明书的要求或实验结果进行操作。当被检工件尺寸较大无法在上述时间内完成检查时，可以采取分段检测的方法；不能进行分段时可以适当增加时间，并使用试块进行验证。

9.6.2　当出现显示迹痕时，必须确定迹痕是真缺陷还是假缺陷。必要时应用5～10倍放大镜进行观察或进行复验。

9.7　缺陷显示记录

可用下列一种或数种方式记录，同时在草图上标示。

(1)照相。

(2)录像。

(3)可剥性塑料薄膜等。

9.8　复验

9.8.1　当出现下列情况之一时，需进行复验。

(1)检测结束时，用试块验证检测灵敏度不符合要求时。

(2)发现检测过程中操作方法有误或技术条件改变时。

(3)合同各方有争议或认为有必要时。

(4)对检测结果怀疑时。

9.8.2　当决定进行复验时，应对被检面进行彻底清洗，按本规程的9.1～9.7条重新进行检测。

9.9　后清洗

工件检测完毕应进行后清洗，以去除对以后使用或对材料有害的残留物。

10. 在用承压设备的渗透检测

对在用承压设备进行渗透检测时，如设备在制造时采用高强度钢以及对裂纹(包括冷裂纹、热裂纹、再热裂纹)敏感的材料；或是长期工作在腐蚀介质环境下，有可能发生应力腐蚀裂纹或疲劳裂纹的场合,应采用 C 级灵敏度进行检测。

11. 检测结果的评定和质量分级

11.1 检测结果评定

11.1.1 显示分为相关显示、非相关显示和虚假显示。非相关显示和虚假显示不必记录和评定。

11.1.2 小于0.5 mm的显示不计,其他任何相关显示均应作为缺陷处理。

11.1.3 长度与宽度之比大于3的相关显示,按线性缺陷处理;长度与宽度之比小于或等于3的相关显示,按圆形缺陷处理。

11.1.4 相关显示在长轴方向与工件(轴类或管类)轴线或母线的夹角大于或等于30°时,按横向缺陷处理,其他按纵向缺陷处理。

11.1.5 两条或两条以上线性相关显示在同一条直线上且间距不大于2 mm时,按一条缺陷处理,其长度为两条相关显示之和加间距。

11.2 质量分级

11.2.1 不允许任何裂纹。紧固件和轴类零件不允许任何横向缺陷显示。

11.2.2 焊接接头的质量分级按表4进行。

表4 焊接接头的质量分级

等级	线性缺陷	圆形缺陷(评定框尺寸为35 mm×100 mm)
Ⅰ	$l \leqslant 1.5$	$d \leqslant 2.0$,且在评定框内不大于1个
Ⅱ	大于Ⅰ级	

注:l 表示线性缺陷显示长度,mm;d 表示圆形缺陷显示在任何方向上的最大尺寸,mm。

11.2.3 其他部件的质量分级评定见表5。

表5 其他部件的质量分级

等级	线性缺陷	圆形缺陷(评定框尺寸2 500 mm^2 其中一条矩形边的最大长度为150 mm)
Ⅰ	不允许	$d \leqslant 2.0$,且在评定框内少于或等于1个
Ⅱ	$l \leqslant 4.0$	$d \leqslant 4.0$,且在评定框内少于或等于2个
Ⅲ	$l \leqslant 6.0$	$d \leqslant 6.0$,且在评定框内少于或等于4个
Ⅳ	大于Ⅲ级	

注:l 表示线性缺陷显示长度,mm;d 表示圆形缺陷显示在任何方向上的最大尺寸,mm。

12. 检测记录和报告的要求

12.1 检测记录的要求

(1)检测记录由Ⅰ、Ⅱ级操作人员按渗透检测原始记录的格式填写。检测部位图由Ⅰ、Ⅱ级人员按本规程的规定绘制。

(2)应根据NB/T 47013.1—2015和NB/T 47013.5—2015中的要求将原始记录文件化和格式化,并经正式发布实施,有对应于操作指导书和委托单的识别编号。

(3)记录内容尽可能在接近原条件的情况下能够复现,并能完整、全面覆盖报告。

(4)对于现场检测过程中,技术条件不能满足操作指导书要求的(如焦距不满足要求),应在检测记录中说明。

(5)记录应由检测人员、复核人员用签字笔或钢笔签字,且不得涂改,只准许划改,但修改处应有修改人签字并注明划改日期,记录应填明检测日期和地点。

(6)检测记录的保存期应符合相关法规标准的要求,且不得少于7年。

12.2 检测报告的要求

(1)应根据 NB/T 47013.1—2015 和 NB/T 47013.5—2015 的要求将检测报告文件化和格式化,有对应于检测记录的识别编号。

(2)报告内容应包括所有检测依据、结果以及根据这些结果做出的符合性判断(结论),必要时还应当包括对符合性判断(结论)的理解、解释和所需要的信息。所有这些信息应当正确、准确、清晰地表达。正式的检测报告,不得有修改痕迹。

(3)报告格式的选择应该依据相关标准、规范、技术文件和甲方要求确定,没有特殊要求的可以使用公司质量管理体系中经批准发布的正式表格文件。

(4)检测报告应当由从事检测的Ⅱ级人员编制,检测责任师审核,机构负责人(最高管理者)或者技术负责人签发。

(5)检测报告的保存期应符合相关法规标准的要求,且不得少于7年。

附录 A 用于非标准温度的检测方法

A.1 概述

当渗透检测不可能在5~50 ℃温度范围内进行时,应对检测方法作出鉴定。通常使用铝合金试块进行。

A.2 鉴定方法

A.2.1 温度低于5 ℃条件下渗透检测方法的鉴定

在试块和所有使用材料都降到预定温度后,将拟采用的低温检测方法用于B区。在A区用标准方法进行检测,比较A、B两区的裂纹显示迹痕。如果显示迹痕基本上相同,则可以认为准备采用的方法经过鉴定是可行的。

A.2.2 温度高于50 ℃条件下渗透检测方法的鉴定

如果拟采用的检测温度高于50 ℃,则需将试块B加温并在整个检测过程中保持在这一温度,将拟采用的检测方法用于B区。在A区用标准方法进行检测,比较A、B两区的裂纹显示迹痕。如果显示迹痕基本上相同,则可以认为准备采用的方法是经过鉴定可行的。

10.2 渗透检测作业指导书

10.2.1 渗透检测作业指导书编制依据

渗透检测作业指导书是根据通用工艺规程及其参考的标准的要求,并针对所检产品(或检测对象)的结构特点和检测能力进行编制的。

10.2.2 渗透检测作业指导书的作用

渗透检测作业指导书用于指导渗透检测操作人员进行渗透检测工作,处理渗透检测结果,进行质量评定并做出合格与否的结论,从而完成渗透检测任务的技术文件;是保证渗透检测过程的规范性和技术性的文件,是保证产品质量的关键。

10.2.3 渗透检测作业指导书的内容

渗透检测作业指导书应根据通用工艺规程的内容以及被检工件的检测要求编制,一般以表格说明为主,应具有一定的针对性、实用性和指导性。它至少应包括以下内容:

(1)操作指导书编号:一般为年号加流水顺序号。

(2)依据的通用工艺规程及其版本号。

(3)检测技术要求:执行标准、检测时机、检测比例(包括局部检测时的检测部位要求)、合格级别和检测前的表面准备。

(4)检测对象:承压设备类别,检测对象的名称、编号、规格尺寸、材质和热处理状态、检测部位(包括检测范围)。

(5)检测设备和器材:名称和规格型号,工作性能检查的项目、时机和性能指标。

(6)检测工艺参数:检测方法、检测部分、检测比例。

(7)检测程序。

(8)检测示意图:包括检测部位、缺陷部位、缺陷分布等。

(9)数据记录的规定。

(10)编制(级别)和审核(级别)。

(11)编制日期。

渗透检测作业指导书其内容除满足上述要求外,还应包括:

(1)渗透检测剂;

(2)渗透剂施加方法;

(3)去除表面多余渗透剂的方法;

(4)亲水或亲油乳化剂浓度、在浸泡槽内的滞留时间和亲水乳化剂的搅动时间;

(5)喷淋操作时的亲水乳化剂浓度;

(6)施加显像剂的方法;

(7)两步骤间的最长和最短时间周期和干燥手段;

(8)最小光强度要求;

(9)非标准温度检测时对比试验的要求;

(10)检测后的清洗技术。

10.2.4 操作指导书的工艺验证

(1)操作指导书在首次应用前应进行工艺验证。

(2)使用新的渗透检测剂、改变或替换渗透检测剂类型或操作规程时,实施检测前应用镀铬试块检验渗透检测剂系统的灵敏度及操作工艺的正确性。

(3)一般情况下每周应用镀铬试块检验渗透检测剂系统的灵敏度及操作工艺的正确性。检测前、检测过程中或检测结束认为必要时应随时检验。

(4)在室内固定场所进行检测时,应定期测定检测环境可见光照度和工件表面黑光辐照度。

(5)黑光灯、黑光辐照度计、荧光亮度计和光照度计等仪器应按相关规定进行定期校验。

10.2.5 渗透检测作业指导书的管理

渗透检测作业指导书的编制、审核应符合相关法规或标准的规定。应安排无损检测责任人员编写，充分发挥各级无损检测人员的作用。

应根据通用工艺规程结合检测对象的检测要求编制操作指导书，操作指导书的内容应完整，明确和具体；操作指导书在首次应用时应进行工艺验证，验证可采用对比试块、模拟试块或直接在检测对象上进行。

无损检测工艺规程的内容应满足本部分及 NB/T 47013.2～47013.13—2015 的相关要求。

当产品设计资料、制造加工工艺规程、技术标准等发生更改，或者发现渗透检测作业指导书本身有错误或漏洞，或渗透检测工艺方法需要改进时，都要对渗透检测作业指导书进行更改。更改时，需要履行更改签署手续，更改工作最好由原编制和审核人员进行。

10.2.6　渗透检测作业指导书举例

1. 渗透检测作业指导书的表格格式

实施渗透检测的人员应按渗透检测作业指导书进行操作。渗透检测作业指导书的格式如表 10-5 所示。

2. 渗透检测作业指导书的填写内容

(1)产品或工件名称：如压力管道、中压分离器、锻件。

(2)规格尺寸：如 ϕ2 000 mm×6 989 mm×33 mm＋3 mm。

(3)热处理状态：如(600±20)℃消除应力退火，900 ℃正火。

(4)检测时机：一般焊接接头可填写“焊接完工后”；对有延迟裂纹倾向的材料，应填写“焊接完成至少 24 h 后”；对 GB 12337—2014《钢制球形贮罐》的焊接接头，应填写“焊接完成至少 36 h 后”；对紧固件和锻件，应填写“最终热处理后”；其他工件可根据工序安排填写。

(5)被检表面要求：根据预处理要求填写。如果被检工件表面漆层厚，可填写“除去漆层，露出金属光泽”“清除油污等”。

(6)材料牌号：如 1Cr18Ni9Ti、镍基合金。

(7)检测部位：具体标出检测部位。

(8)检测比例：根据技术文件的要求填写具体的检测百分比。

(9)检测方法：具体写出所选用的渗透检测方法。选用渗透检测方法时，首先应满足检测缺陷类型和灵敏度的要求。在此基础上，可根据被检工件表面粗糙度、检测批量大小和检测现场的水源、电源等条件来决定。

(10)检测(工件)温度：具体写出检测时工件温度。

(11)标准试块：一般选用“铝合金试块(A 型对比试块)”“镀铬试块(B 型试块)”。

(12)检测方法标准：填写“NB/T 47013.5—2015”。

(13)观察方式：使用荧光渗透剂检测时，填写“黑光下(灯)，目视”。

溶剂去除型渗透检测操作指导书

工程名称：　　　　　　　　　　　操作指导书编号：

委托单位						
检件	检件名称		检件编号		检件类别	
	检件规格		检件材质		焊接方法	
	坡口型式		热处理状态		表面状态	
检测要求	检测标准		合格级别		检测比例	
	检测方法		检测时机		检测部位	

检测条件及工艺参数	渗透剂牌号		清洗剂牌号		显像剂牌号	
	渗透剂施加方法		渗透时间		工件表面温度	
	干燥方式		干燥时间		灵敏度试块	
	显像剂施加方法		显像时间		缺陷记录方法	
	灵敏度等级		表面光照度/辐照度		工艺规程编号	
检测程序及技术要点						
表面准备						
预清洗						
施加渗透剂						
去除						
显像						
观察						
缺陷显示记录						
复验						
后处理						
评级						
渗透检测示意图：			附加说明：			
编制		级别	PT-	日期		
审核		级别	PT-	日期		

3. 操作指导书填写说明

1）工程名称

按委托单填写。

2）委托单位

是指与我公司签订无损检测合同的单位或其授权的单位，负责办理委托事宜。

3）操作指导书编号

一般为流水顺序号，可根据单位的质量管理要求填写。

4）检件状况

（1）“检件名称”按委托单填写，其中管道填写管道编号和介质；设备填写设备位号和设备名称；对于板材或锻件填写“板材”或“锻件”。

（2）“检件编号”按委托单编写，其中管道填写管道编号或预制管段编号，设备填写设备位号，炉管填写炉位号与炉管区段号；板材填写进厂编号；锻件填锻件编号。

（3）“检件类别”按委托单编写，根据不同的验收规范，管道可填写 GC1、GC2 或者 SHA、SHB 等、设备填写Ⅰ、Ⅱ、Ⅲ。

(4)“检件规格”按委托单和受检件图样或工艺文件规定的尺寸填写，其中设备应填写设备内径×壁厚；管道应填写管子外径×壁厚，同一管道编号中所检验的不同规格均应逐一填写；板材尺寸按外形用长×宽×板厚表示；锻件按外形尺寸用直径×长度或长×宽×厚表示。

(5)“检件材质”按委托单填写，其中同一台设备或同一管道编号中所检验的不同材质应逐一填写。

(6)“焊接方法”按委托单或焊接工艺文件规定的焊接方法填写，如手工焊、埋弧自动焊、氩弧焊等。板材和锻件划杠，表示不适用。

(7)“坡口型式”指检测部位焊缝的坡口型式，按委托单或焊接工艺文件规定填写，如 V 形、U 形、X 形等。其他检测对象划杠。

(8)“表面状态”指喷砂、打磨、机加工、轧制、漆面等。

(9)“热处理状态”根据受检件是否需要热处理，若经过热处理填写“热处理后”，未经热处理填写“热处理前”，受检件不需要热处理的划杠。

5)技术要求

(1)“检测标准”“合格级别”“检测比例”等按委托单要求填写。

(2)“检验时机”分别填写焊后(焊后 24 h)经外观检查合格、打磨后、热处理后、坡口准备、轧制、锻造、铸造、清根后、堆焊前、压力试验前、压力试验后等。

(3)缺陷显示记录方式：采用录像、照相或可剥性塑料等其中一种或数种方式记录，同时标示于草图上，如“照相＋草图”。

(4)“检测部位”对应焊缝值受检的焊缝编号，对应锻件值受检的锻件编号，对应板材指受检板材的进厂编号。

6)检测条件及工艺参数

(1)“渗透剂牌号”“清洗剂牌号”“显像剂牌号”按照所使用的渗透检测剂上标示的牌号填写，如 DPT-5。

(2)“渗透剂施加方法”采用喷涂。

(3)“渗透时间”当温度在 10～50 ℃时，渗透剂持续时间一般不少于 10 min；当温度在 5～10 ℃的温度条件下时，渗透时间一般不少于 20 min 或者按照说明书时间进行操作；当温度低于 5 ℃或高于 50 ℃时根据对比试验确定。

(4)“工件表面温度”为检测时工件表面的实测温度。

(5)“干燥方法”一般采用热风干燥或者自然干燥，当采用溶剂去除型渗透检测方法时，采用“自然干燥”。

(6)“灵敏度试块”根据工件表面温度选择，当温度低于 5 ℃或高于 50 ℃时，选用 A 型和 B 型灵敏度试块；当温度在 5～50 ℃时，选用 B 型灵敏度试块。

(7)“显像剂施加方法”采用喷涂。

(8)“显像时间”取决于显像剂类型、需要检测的缺陷大小以及被检工件温度，一般为 10～60 min。

(9)“缺陷记录方法”可采用照相、录像或可剥性塑料薄膜等其中一种或数种方式记录，同时标于草图上，如“照相＋草图”。

(10)“灵敏度等级”根据相关验收标准、技术文件或委托单等填写。

(11)“表面光照度/辐照度”需要现场实测。

(12)“工艺规程编号”为经公司批准发布实施的有效版本的编号。

7)检测程序及技术要点

(1)表面准备:

①工件被检表面不得有影响渗透检测的铁锈、氧化皮、焊接飞溅、铁屑、毛刺以及各种防护层。

②被检工件机加工表面粗糙度 Ra≤25 μm;被检工件非机加工表面的粗糙度可适当放宽,但不得影响检测结果。

③表面可以通过打磨或机加工制备,但禁止使用喷砂或喷丸,以防堵塞缺陷开口。

④局部检测时,表面制备的范围应从检测部位四周向外扩展至少 25 mm。

(2)预清洗。由于检测部位的表面状况在很大程度上影响着渗透检测的检测质量,因此在表面清理之后,应进行预清洗,以去除检测表面的污垢。可采用溶剂、洗涤剂等进行清洗,清洗范围应不低于 9.1.1(3)的要求。铝、镁、钛合金和奥氏体钢制零件经机械加工的表面,如确有需要,可先进行酸洗或碱洗,然后再进行渗透检测。清洗后,检测面上遗留的溶剂和水分等必须干燥,且应保证在施加渗透剂前不被污染。

(3)施加渗透剂。用压力喷罐进行喷涂或用毛刷进行刷涂,并使工件被检部位充分被渗透剂覆盖。在 10 ~ 50 ℃的温度条件下,渗透剂持续时间一般不少于 10 min。在 5 ~ 10 ℃的温度条件下,渗透剂持续时间一般不少于 20 min 或者按照说明书进行操作。在渗透剂持续时间内要间隔一段时间进行一次喷涂或刷涂,以保持表面湿润。当温度条件不能满足时,应按附录 A 对操作方法进行鉴定。

(4)去除。溶剂去除型渗透剂用清洗剂清洗。除特别难于清洗的地方外,一般应先用干净不脱毛的布依次擦拭,直至大部分多余渗透剂被清除后,再用蘸有清洗剂的干净不脱毛的布或纸进行擦拭,直至将被检面上多余的渗透剂全部擦净。但必须注意,不得往复擦拭,不得用清洗剂直接在被检面冲洗。

(5)显像。显像剂使用前应搅动均匀,喷施显像剂时,喷嘴离被检面距离为 300 ~ 400 mm,喷洒方向与被检面夹角为 30° ~ 40°,确保整个被检表面覆盖一层薄而均匀的显像剂。显像时间取决于显像剂种类、需要检测的缺陷大小以及被检工件温度等,一般为 7 ~ 60 min。

(6)观察。对于溶剂悬浮显像剂应遵照说明书的要求或实验结果进行操作。当被检工件尺寸较大无法在上述时间内完成检查时,可以采取分段检测的方法;不能进行分段时可以适当增加时间,并使用试块进行验证。当出现显示迹痕时,必须确定迹痕是真缺陷还是假缺陷。必要时应用 5 ~ 10 倍放大镜进行观察或进行复验。

(7)缺陷显示记录。可用下列一种或数种方式记录,同时标示于草图上:

①照相。

②录像。

③可剥性塑料薄膜等。

(8)复验。当出现下列情况之一时,需进行复验。

①检测结束时,用试块验证检测灵敏度不符合要求时。

②发现检测过程中操作方法有误或技术条件改变时。

③合同各方有争议或认为有必要时。

④对检测结果怀疑时。

当决定进行复验时,应对被检面进行彻底清洗,重新进行检测。

(9)后处理。工件检测完毕应进行后清洗,以去除对以后使用或对材料有害的残留物。

(10)评级。按照 NB/T 47013.5—2015 的规定进行评级。

8)检测部位示意图

按图样和工艺文件要求,将检测部位标在示意图上。

9）附加说明

检测过程中需要注意的事项等作进一步说明，如：

（1）对于镍基合金材料，一定量渗透检测剂蒸发后残渣中的硫元素含量的质量比不超过 1%；

（2）对于奥氏体和钛及钛合金材料，一定量渗透检测剂蒸发后残渣中的氯、氟元素含量的质量比不超过 1%；

（3）自然干燥在满足干燥效果的前提下时间尽量缩短；

（4）注意通风、防火、防尘。

10）编制人

需要有 PT-Ⅱ级及以上资格，审核由检测责任师审核。

11）日期

必须在委托单日期后，原始记录日期之前。

10.3　渗透检测作业指导书编制举例

一般每项产品或工件只编写一份渗透检测作业指导书。

因为有许多检测方法和设备及材料可供选择，可组合编制成各种形式的作业指导书，所以下面提供的作业指导书范例，并不是唯一形式，也不一定是最佳的，仅供习练时参考，希望能起到举一反三的作用。

例 1　压力管道

某工厂在建工业压力管道，规格为 ϕ108 mm × 5 mm，材质为 1Cr18Ni9Ti，总长 100 m，共 20 个对接焊接接头，如图 10-1 所示。焊接方法：氩弧焊打底，电弧焊多层多道焊。焊后外表面进行酸洗、钝化处理，整体进行水压试验。图样要求：对接焊接接头外表面 20% 渗透检测抽查，按 NB/T 47013.5—2015标准，Ⅰ级合格。自选条件：优化编制压力管道对接焊接接头渗透检测作业指导书。

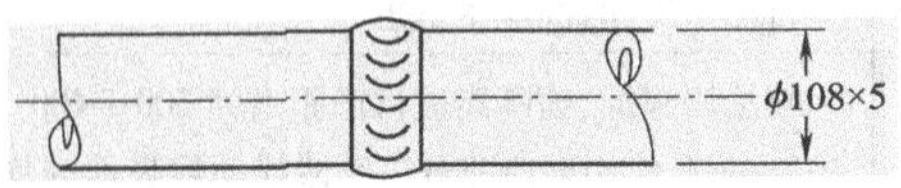

图 10-1　压力管道结构示意

渗透检测作业指导书

工艺规程编号：　　　　操作指导书编号：

委托单位							
检件	检件名称	压力管道	检件编号	—	检件类别	—
	检件规格	ϕ108 mm × 5 mm	检件材质	1Cr18Ni9Ti	焊接方法	—
	坡口型式	V	热处理状态	—	表面状态	打磨
检测要求	检测标准	NB/T 47013.5—2015	合格级别	Ⅰ级	检测比例	20%
	检测方法	ⅡC-d	检测时机	表面质量检查合格后	检测部位	对接焊接接头

检测条件及工艺参数	渗透剂牌号	DPT-5	清洗剂牌号	DPT-5	显像剂牌号	DPT-5
	渗透剂施加方法	喷涂	渗透时间	≥10 min	工件表面温度	15～50 ℃
	干燥方式	自然干燥	干燥时间	5 min	灵敏度试块	B 型
	显像剂施加方法	喷涂	显像时间	≥7 min	缺陷记录方法	绘图
	灵敏度等级	Ⅰ	表面光照度/辐照度	＞1 000 lx	—	—

渗透检测质量评级要求	1. 不允许存在任何裂纹； 2. 不允许线性缺陷显示，圆形缺陷显示(评定框尺寸 35 mm×100 mm)长径 d≤1.5 mm，且在评定框内少于或等于 1 个
示意草图	ϕ108×5

序　号	工序名称	操作要求及主要工艺参数
1	表面准备	用不锈钢丝盘磨光机打磨去除焊接接头及两侧各 25 mm 范围内焊渣、飞溅及焊接接头表面不平，酸洗、钝化处理被检面
2	预 清 洗	用清洗剂将被检面擦洗干净
3	干　　燥	自然干燥
4	渗　　透	喷涂施加渗透剂，使之覆盖整个被检表面，在整个渗透时间内始终保持润湿，渗透时间不应少于 10 min
5	去　　除	先用干燥、洁净不脱毛的布或纸依次擦拭，直至大部分多余渗透剂被去除后，再用蘸有清洗剂的干净不脱毛布或纸进行擦拭，直至将被检面上多余的渗透剂全部擦净。但应注意，擦拭时应按一个方向进行，不得往复擦拭，不得用清洗剂直接在被检面上冲洗
6	干　　燥	自然干燥，时间应尽量短
7	显　　像	喷涂法施加，喷嘴离被检面距离为 300～400 mm，喷涂方向与被检面夹角约为 30°～40°，使用前应充分将喷罐摇动使显像剂均匀，不可在同一地点反复多次施加。显像时间不应少于 7 min
8	观　　察	显像剂施加后 7～60 min 内进行观察，被检面处白光照度应≥1 000 lx，必要时可用 5～10 倍放大镜进行观察
9	复　　验	应将被检面彻底清洗，重新进行渗透等检测操作各步骤。检测灵敏度不符合要求、操作方法有误或技术条件改变时、合同各方有争议或认为有必要时进行
10	后 清 洗	用湿布擦除被检面显像剂或用水冲洗
11	评定与验收	根据缺陷显示尺寸及性质按 NB/T 47013.5—2015 进行等级评定，Ⅰ级合格
12	报　　告	出具报告内容至少包括 NB/T 47013.5—2015 规定的内容
备注	1. 渗透检测剂中的氯、氟元素的含量的质量比不得超过 1%； 2. 渗透检测实施前、检测操作方法有误或条件发生变化时，用 B 型试块按工艺进行校验	

编制人及资格		审核人及资格	
日　　期		日　　期	

例 2　中压分离器

某在用中压分离器,结构如图 10-2 所示,规格为 ϕ2 000 mm×6 989 mm×33 mm+3 mm,接管为 ϕ800 mm。筒体基层材质为 16MnR;内表面为自动堆焊层,材料为 E347L(不锈钢);有部分手工堆焊层。设计压力为 3.2 MPa,工作压力为 2.6 MPa;工作介质为烃和 H_2,介质中 H_2S 含量较高;工作温度为220 ℃。容积为 14 m^3。容器类别为Ⅱ类。本次开罐定期检验要求对内表面堆焊层进行 100% 渗透检测,标准执行 NB/T 47013.5—2015,Ⅰ级合格。自选条件:优化编制内表面堆焊层渗透检测作业指导书。

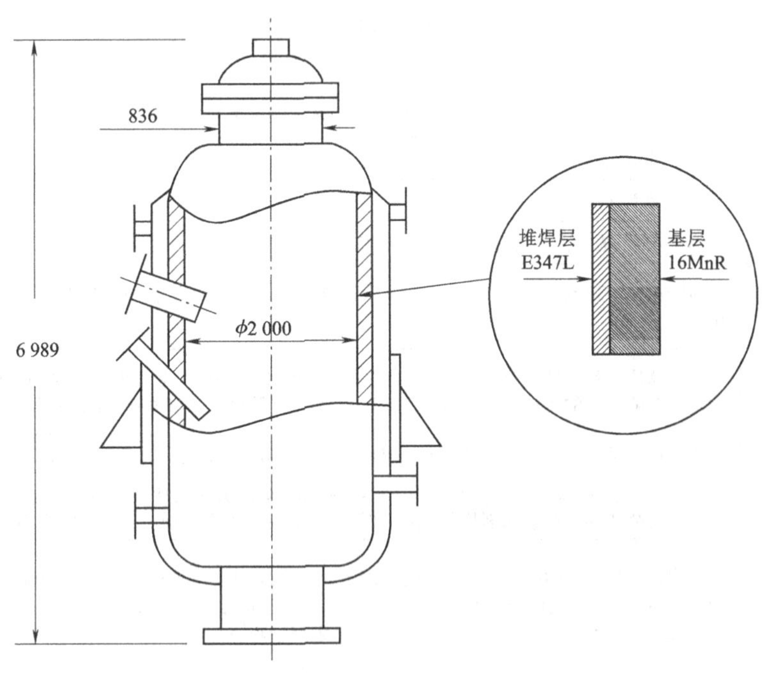

图 10-2　中压分离器结构示意

渗透检测作业指导书

工艺规程编号:　　　　　　　操作指导书编号:

设备名称	中压分离器	规格尺寸	ϕ2 000×6 989×33+3 mm	热处理状态	—	检测时机	外观质量检查合格后
被检表面要求	不锈钢丝盘磨光机打磨	材料牌号	16MnR+E347L	检测部位	堆焊层	检测比例	100%
检测方法	IA-d	检测温度	15~50 ℃	标准试块	B 型	检测方法标准	NB/T 47013.5—2015
观察方式	黑光灯下,目视	渗透剂型号	ZB-2	乳化剂型号	—	清洗剂型号	水
显像剂型号	ZB-2	渗透时间	≥10 min	干燥时间	5~10 min	显像时间	≥7 min
乳化时间	—	检测设备	黑光灯	黑光辐照度	≥1 000 μW/cm²	可见光照度	≤20 lx
渗透剂施加方法	喷涂	乳化剂施加方法	喷涂	去除方法	喷(水)洗	显像剂施加方法	喷涂

设备名称	中压分离器	规格尺寸	ϕ2 000×6 989 ×33+3 mm	热处理状态	—	检测时机	外观质量检查合格后
水洗温度	20～30 ℃	水压	0.2～0.3 MPa	验收标准	NB/T 47013.5—2015	合格级别	Ⅰ
渗透检测质量评级要求	1. 不允许存在任何裂纹； 2. 不允许线性缺陷显示 $L>1.5$ mm，圆形缺陷显示（评定框尺寸 35 mm×100 mm）长径 $d\leqslant2.0$ mm，且在评定框内少于或等于1个						
示意草图	堆焊层 E347L　基层 16MnR						

序号	工序名称	操作要求及主要工艺参数
1	表面准备	用不锈钢丝盘磨光机打磨去除污物
2	预清洗	被检表面冲洗干净，重点去除油污等
3	干燥	热风吹干，被检面的温度不得大于 50 ℃
4	渗透	喷涂施加渗透剂，使之覆盖整个被检表面，在整个渗透时间内始终保持润湿，渗透时间不应少于 10 min
5	去除	用水喷法去除。冲洗时，水射束与被检面的夹角以 30°为宜，水温为 10～40 ℃，如无特殊规定，冲洗装置喷嘴处的水压应不超过 0.34 MPa。黑光灯照射下边观察边去除，防止欠洗或过清洗
6	干燥	热风进行干燥。干燥时，被检面的温度不得大于 50 ℃，干燥时间 5～10 min
7	显像	喷涂法施加，喷嘴离被检面距离为 300～400 mm，喷涂方向与被检面夹角约为 30°～40°，使用前应充分将喷罐摇动使显像剂均匀，不可在同一地点反复多次施加。显像时间应不少于 7 min
8	观察	显像剂施加后 7～60 min 内进行观察，距黑光灯滤光片 38 cm 的工件表面的辐照度大于或等于 1 000 $\mu W/cm^2$，暗处白光照度应不大于 20 lx，必要时可用 5～10 倍放大镜进行观察。进入暗区，至少经过 3 min 的黑暗适应，不能戴对检测有影响的眼镜
9	复验	应将被检面彻底清洗，重新进行渗透等检测操作各步骤。检测灵敏度不符合要求、操作方法有误或技术条件改变时、合同各方有争议或认为有必要时进行
10	后清洗	将被检面的渗透检测剂用水冲洗干净
11	评定与验收	根据缺陷显示尺寸及性质按 NB/T 47013.5—2015 进行等级评定，Ⅰ级合格
12	报告	出具报告内容至少包括 NB/T 47013.5—2015 规定的内容
备注	1. 渗透检测剂中的氯、氟元素的含量的质量比不得超过 1%； 2. 渗透检测实施前、检测操作方法有误或条件发生变化时，用 B 型试块按工艺进行校验； 3. 容器内检测时，注意通风、用电安全、防火、防尘	

编制人及资格		审核人及资格	
日期		日期	

例3 锻件

一批镍基合金锻件，结构如图 10-3 所示，规格 ϕ34 mm×3 mm，表面光滑，图样设计要求进行 100% 表面渗透检测，执行标准 NB/T 47013.5—2015，检测灵敏度等级为 2 级，Ⅰ级合格。自选条件：优化编制锻件渗透检测作业指导书。

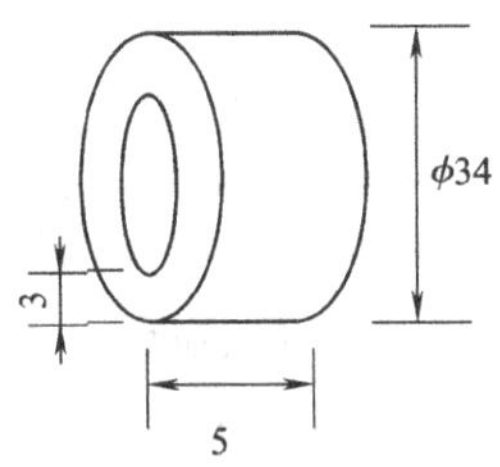

图 10-3　锻件结构示意

渗透检测作业指导书

工艺规程编号：　　　　　　操作指导书编号：

工件名称	锻件	规格尺寸	ϕ34 mm×3 mm	热处理状态	—	检测时机	锻造后
被检表面要求	锻造表面	材料牌号	镍基合金	检测部位	所有表面	检测比例	100%
检测方法	ID-a	检测温度	15~50 ℃	标准试块	B 型	检测方法标准	NB/T 47013.5—2015
观察方式	黑光灯下目视	渗透剂型号	985P12	乳化剂型号	9PR12	清洗剂型号	水
显像剂型号	氧化镁粉	渗透时间	≥10 min	干燥时间	5~10 min	显像时间	≥7 min
乳化时间	≤2 min	检测设备	黑光灯	黑光辐照度	≥1 000 μW/cm^2	可见光照度	≤20 lx
渗透剂施加方法	浸涂	乳化剂施加方法	浸涂	去除方法	喷(水)洗	显像剂施加方法	喷粉(箱)
水洗温度	20~30 ℃	水压	0.2~0.3 MPa	验收标准	NB/T 47013.5—2015	合格级别	Ⅰ
渗透检测质量评级要求	1. 不允许存在任何裂纹和白点； 2. 不允许线性缺陷显示，圆形缺陷显示(评定框尺寸 35 mm×100 mm)长径 d≤1.5 mm，且在评定框内少于或等于 1 个						
示意草图	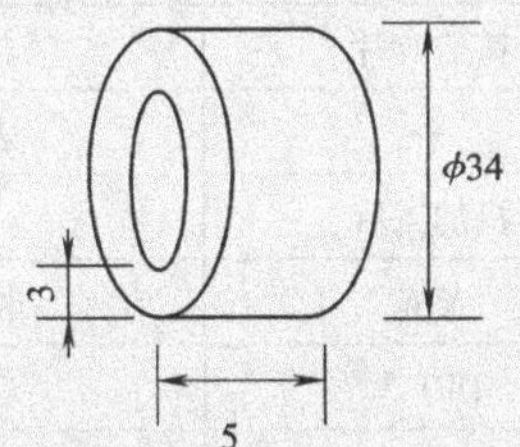						

序号	工序名称	操作要求及主要工艺参数
1	表面准备	喷砂去除氧化皮
2	预清洗	用温水清洗剂将被检面冲擦洗干净
3	干　燥	将工件放于干燥箱内进行干燥，干燥时间为 5 min，被检面温度不得大于 50 ℃
4	渗　透	采用槽式浸涂，整个工件浸入槽中，使渗透剂将其全部覆盖，渗透时间不应少于 10 min
5	滴　落	逐个将工件从渗透剂中提起，滴落 1 min。滴落过程适当翻动工件
6	预水洗	用水喷法去除被检面多余渗透剂，水压控制在 0.2 MPa 左右。预水洗过程中注意转动工件
7	乳化、滴落	采用槽式浸涂乳化。亲水性乳化剂，乳化时间不应大于 2 min(含滴落时间)

序号	工序名称	操作要求及主要工艺参数
8	最终水洗	用水喷法去除。冲洗时，水射束与被检面的夹角以30°为宜，水温为10～40 ℃，如无特殊规定，冲洗装置喷嘴处的水压应不超过0.34 MPa。冲洗时，在黑光灯照射下监控清洗效果
9	干　燥	在热空气循环烘干装置中进行，被检表面温度不得大于50 ℃。干燥时间5～10 min
10	显　像	在喷粉箱中进行显像，显像时间不应少于7 min
11	观　察	显像剂施加后7～60 min内进行观察，距黑光灯滤光片38 cm的工件表面的辐照度大于或等于1 000 μW/cm^2，暗处白光照度应不大于20 lx，必要时可用5～10倍放大镜进行观察。进入暗区，至少经过3 min的黑暗适应，不能戴对检测有影响的眼镜
12	复　验	应将被检面彻底清洗，重新进行渗透等检测操作各步骤。检测灵敏度不符合要求、操作方法有误或技术条件改变时、合同各方有争议或认为有必要时进行
13	后清洗	在水—洗涤剂槽中进行后清洗，将被检面的渗透检测剂用水洗净，清洗后应进行干燥处理
14	评定与验收	根据缺陷显示尺寸及性质按NB/T 47013.5—2015进行等级评定，I级合格
15	报　告	出具报告内容至少包括NB/T 47013.5—2015规定的内容
备注		1. 渗透检测剂中硫元素的含量的质量比不得超过1%； 2. 渗透检测实施前、检测操作方法有误或条件发生变化时，用B型试块按工艺进行校验
编制人及资格		审核人及资格
日　期		日　期

例4 铸造汽轮机叶片

铸造汽轮机叶片，材料牌号DZ22，工件温度15 ℃，表面光洁，要求对其进行高灵敏度渗透检测。请填写渗透检测作业指导书。

渗透检测作业指导书

工艺规程编号：　　　　　　　　　　操作指导书编号：

产品名称		汽轮机	产品(制造)编号	70001
工件	工件名称	铸造叶片	材料牌号	DZ22
	工件编号	—	表面状态	机加工
	检测时机	机加工后	检测面	所有表面
器材及参数	渗透剂种类	荧光	检测方法	Ⅰ C-d
	渗透剂	DPT-5	乳化剂	—
	清洗剂	DPT-5	显像剂	DPT-5
	渗透剂施加方法	喷	渗透时间	15 min
	乳化剂施加方法	—	乳化时间	—
	显像剂施加方法	喷	显像时间	15 min
	标准试块类型	镀铬	工件温度	15 ℃
技术要求	检测标准	NB/T 47013.5—2015	检测比例	100%
	合格级别	Ⅰ级	检测规程编号	QJ/TS-2020-5

检测部位示意图和注意事项：

—

序号	工序名称	操作要求及主要工艺参数
1	表面准备	用不锈钢丝盘磨光机打磨去除焊接接头及两侧各 25 mm 范围内焊渣、飞溅及焊接接头表面不平，酸洗、钝化处理被检面
2	预清洗	用清洗剂将被检面洗擦干净
3	干　燥	自然干燥
4	渗　透	喷涂施加渗透剂，使之覆盖整个被检表面，在整个渗透时间内始终保持润湿，渗透时间不应少于 10 min
5	去　除	先用干燥、洁净不脱毛的布或纸依次擦拭，直至大部分多余渗透剂被去除后，再用蘸有清洗剂的干净不脱毛布或纸进行擦拭，直至将被检面上多余的渗透剂全部擦净。但应注意，擦拭时应按一个方向进行，不得往复擦拭，不得用清洗剂直接在被检面上冲洗
6	干　燥	自然干燥，时间应尽量短
7	显　像	喷涂法施加，喷嘴离被检面距离为 300 ~ 400 mm，喷涂方向与被检面夹角约为 30° ~ 40°，使用前应充分将喷罐摇动使显像剂均匀，不可在同一地点反复多次施加。显像时间不应少于 7 min
8	观　察	显像剂施加后 7 ~ 60 min 内进行观察，被检面处白光照度应≥1 000 lx，必要时可用 5 ~ 10 倍放大镜进行观察
9	复　验	应将被检面彻底清洗，重新进行渗透等检测操作各步骤。检测灵敏度不符合要求、操作方法有误或技术条件改变时、合同各方有争议或认为有必要时进行
10	后清洗	用湿布擦除被检面显像剂或用水冲洗
11	评定与验收	根据缺陷显示尺寸及性质按 NB/T 47013.5—2015 进行等级评定，Ⅰ级合格
12	报　告	出具报告内容至少包括 NB/T 47013.5—2015 规定的内容
备注		1. 渗透检测剂中的氯、氟元素的含量的质量比不得超过 1%； 2. 渗透检测实施前、检测操作方法有误或条件发生变化时，用 B 型试块按工艺进行校验
编制人及资格		审核人及资格
日　期		日　期

例 5　氯乙稀聚合釜

某氯乙稀聚合釜编号 42677A，结构如图 10-4 所示，设计压力：1.55 MPa，试验压力：2.0 MPa，设计温度：140 ℃，工作介质：氯乙稀、水和蒸气，材质：16MnR/0Cr18Ni9，规格：ϕ3 038 mm ×（16 + 3）mm，焊接接头系数：1.0，容器类别：Ⅱ类。该容器采用复合板焊接而成，内表面采用电解抛光工艺，按要求回答问题并编制渗透检测作业指导书。

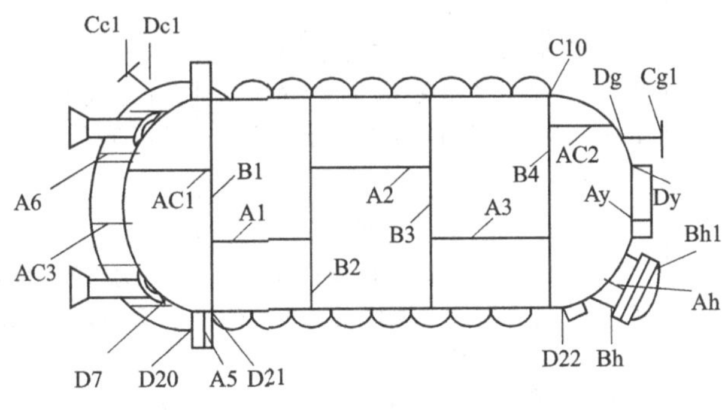

图 10-4　聚合釜结构示意

依标准 NB/T 47013.5—2015 编制容器焊接接头编制渗透检测作业指导书，检测温度 20 ℃。具体要求如下：

(1)操作流程应按顺序逐项填写。

(2)渗透检测剂型号：具体型号可按国内外渗透检测剂商品型号选择。

(3)已具备的渗透检测设备及设施如下：水源、电源、便携式渗透检测设备，固定式渗透检测装置，紫外线灯，黑光辐照度计，荧光亮度计，照度计，A、B 两种类型试块等。

(4)工件示意草图：可不画，但应注明。

(5)请在注意事项栏中说明关键注意事项。

(6)在作业指导书内“编制”“审核”和“批准”栏中填写其资格等级或职务、日期。

渗透检测作业指导书

工件名称	聚合釜	规格	ϕ3 080 ×(16 +3)	编号	42677A	工序安排	外表面质检合格后/内表面抛光后
表面状况	抛光/焊接	材料牌号	16MnR/ 0Cr18Ni9Ti	检测部位	内表面焊接接头及接管角焊接接头	检测比例	100%
检测方法	ⅡC-d	检测温度	20 ℃	试块	B 型	检测方法标准	NB/T 47013.5—2015
观察方法	目视	渗透剂型号	DPT-5	乳化剂型号	—	去除剂型号	DPT-5
显像剂型号	DPT-5	渗透时间	≥10 min	干燥时间	5 ~ 10 min	显像时间	≥10 min
乳化时间	—	检测设备	便携式	黑光照度	—	可见光照度	≥1 000 lx
渗透剂施加方法	喷、涂	乳化剂施加方法	—	去除方法	擦拭	显像剂施加方法	喷
示意图	略			质量验收标准	NB/T 47013.5—2015	合格级别	Ⅰ

工序号	工序名称	操作要求及主要工作参数	注意事项
1	表面准备	外表面角焊接接头用经砂轮打磨，检测范围应向外扩展 25 mm	内表面焊接接头处理时不要损伤抛光面
2	预清洗	用清洗剂将受检面擦洗干净	检测剂氯、氟元素的含量不得超过 1%
3	干燥	自然干燥	
4	渗透	喷涂施加渗透剂，使之覆盖整个被检表面，在整个渗透时间内始终保持润湿，渗透时间应不少于 10 min	
5	去除	先用不脱毛的布或纸擦拭大部分多余渗透剂去除后，再用蘸有喷去除剂的布或纸擦拭，擦拭时应按一个方向进行，不得往复擦拭	内表面防止过度的清洗，外表面局部防止清洗不足
6	干燥	自然干燥，时间 5 ~ 10 min	
7	显像	喷涂法施加，喷嘴距被检面 300 ~ 400 mm，喷涂方向与被检面夹角约为 30° ~ 40°，使用前应将喷罐摇动使显像剂均匀。显像时间应不少于 7 min	显像剂施加应薄而均匀，不可在同一地点反复多次施加，禁止在检测面上倾倒温式晃像剂，以免冲洗掉渗入缺陷内的渗透剂

8	观　察	显像剂施加后 7 ~ 60 min 内进行观察，受检面的可见光照度应≥1 000 lx 必要时可用 5 ~ 10 倍放大镜观察	
9	复　验	按 NB/T 47013.5—2015 有关要求进行	应将被检面彻底清洗
10	后 处 理	用湿布擦除表面显像剂	
11	评定与验收	根据缺陷显示尺寸及性质按 NB/T 47013.5—2015 进行等级评定，I 级合格	
12	报　告	出具报告内容至少包括 NB/T 47013 - 2015 规定的内容	
安全注意事项：			

编制	PT - Ⅱ	审核	PT - Ⅲ	批准	×××
日期	×××	日期	×××	日期	×××

例 6　氨合成塔

氨合成塔结构示意如图 10-5 所示，设计压力：16.4 MPa，试验压力：20.5 MPa，设计温度：260 ℃，工作介质：N_2、H_2、NH_3，材质：SA387（15CrMoR），规格：ϕ2 300 mm × 160 mm，容器类别：Ⅲ类。容器内表面采用自动带极堆焊方法堆焊一层奥氏体不锈钢，E 类焊接接头，焊材是 E308-16 和 E309-16。请编制渗透检测作业指导书。

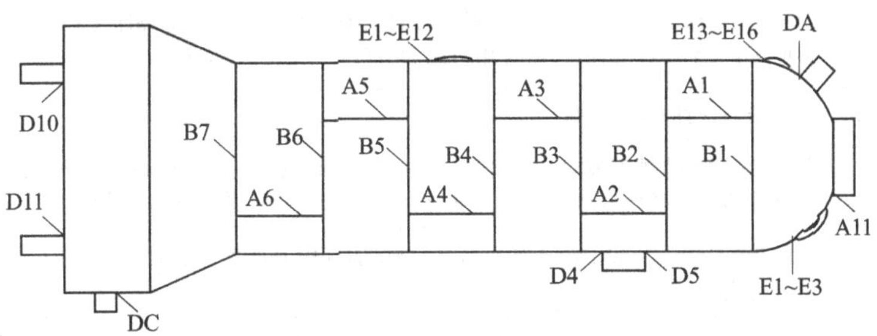

图 10-5　氨合成塔结构示意

渗透检测作业指导书

作业指导书编号：　PT0022　　　　　　　　　　　　　共　页　第　页

产品名称		合成塔	产品（制造）编号	70002
工件	工件名称	内表面焊接接头	材料牌号	00Cr18Ni9Ti
	工件编号		表面状态	抛光
	检测时机	机加工后	检测面	焊接接头内表面

<table>
<tr><td rowspan="7">器材及参数</td><td>渗透剂种类</td><td>荧光</td><td>检测方法</td><td>Ⅰ C-d</td></tr>
<tr><td>渗透剂</td><td>DPT-5</td><td>乳化剂</td><td>—</td></tr>
<tr><td>清洗剂</td><td>DPT-5</td><td>显像剂</td><td>DPT-5</td></tr>
<tr><td>渗透剂施加方法</td><td>喷</td><td>渗透时间</td><td>15 min</td></tr>
<tr><td>乳化剂施加方法</td><td>—</td><td>乳化时间</td><td>—</td></tr>
<tr><td>显像剂施加方法</td><td>喷</td><td>显像时间</td><td>15 min</td></tr>
<tr><td>标准试块类型</td><td>镀铬</td><td>工件温度</td><td>15 ℃</td></tr>
<tr><td rowspan="2">技术要求</td><td>检测标准</td><td>NB/T 47013.5—2015</td><td>检测比例</td><td>100%</td></tr>
<tr><td>合格级别</td><td>Ⅰ</td><td>检测规程编号</td><td>QJ/TS-2020-5</td></tr>
</table>

检测部位示意图和注意事项：

——

序号	工序名称	操作要求及主要工艺参数
1	表面准备	用不锈钢丝盘磨光机打磨去除焊接接头及两侧各 25 mm 范围内焊渣、飞溅及焊接接头表面不平，酸洗、钝化处理被检面
2	预清洗	用清洗剂将被检面擦洗干净
3	干燥	自然干燥
4	渗透	喷涂施加渗透剂，使之覆盖整个被检表面，在整个渗透时间内始终保持润湿，渗透时间不应少于 10 min
5	去除	先用干燥、洁净不脱毛的布或纸依次擦拭，直至大部分多余渗透剂被去除后，再用蘸有清洗剂的干净不脱毛布或纸进行擦拭，直至将被检面上多余的渗透剂全部擦净。但应注意，擦拭时应按一个方向进行，不得往复擦拭，不得用清洗剂直接在被检面上冲洗
6	干燥	自然干燥，时间应尽量短
7	显像	喷涂法施加，喷嘴离被检面距离为 300 ~ 400 mm，喷涂方向与被检面夹角约为 30° ~ 40°，使用前应充分将喷罐摇动使显像剂均匀，不可在同一地点反复多次施加。显像时间不应少于 7 min
8	观察	显像剂施加后 7 ~ 60 min 内进行观察，被检面处白光照度应≥1 000 lx，必要时可用 5 ~ 10 倍放大镜进行观察
9	复验	应将被检面彻底清洗，重新进行渗透等检测操作各步骤。检测灵敏度不符合要求、操作方法有误或技术条件改变时、合同各方有争议或认为有必要时进行
10	后清洗	用湿布擦除被检面显像剂或用水冲洗
11	评定与验收	根据缺陷显示尺寸及性质按 NB/T 47013.5—2015 进行等级评定，Ⅰ级合格
12	报告	出具报告内容至少包括 NB/T 47013—2015 规定的内容
备注		1. 渗透检测剂中的氯、氟元素的含量的质量比不得超过 1%； 2. 渗透检测实施前、检测操作方法有误或条件发生变化时，用 B 型试块按工艺进行校验

编制人及资格		审核人及资格	
日　　期		日　　期	

第11章 渗透检测质量控制

渗透检测的质量控制是保证渗透检测本身的工作质量可靠性的重要手段。渗透检测本身的工作质量的可靠性在一定程度上决定了产品安全使用的可靠性。所以,渗透检测的质量控制是保证产品安全使用的重要条件。显然,如果渗透检测本身的工作质量不可靠,产品工件中的缺陷,甚至危害性的缺陷,经过渗透检测就不能被发现,那么,渗透检测的工作就失去意义。更为严重的是:产品的安全使用可靠性就得不到保障,就可能在使用中出现失效,甚至造成破坏。

新购进的渗透检测剂和设备,在使用前,必须进行适当的控制和检验,以确保其性能符合规定的质量验收要求;使用中的材料和设备,由于外界的污染、设备老化等原因,其性能也可能发生变化,为保证每次检验的可靠性和一致性,也必须对使用中的材料和设备进行定期的校验。

渗透检测的质量控制主要包括检验人员、材料、设备、工艺方法、检验环境等内容。

11.1 渗透检测人员资格鉴定

渗透检测人员的未经矫正或经矫正的近(距)视力和远(距)视力应不低于5.0(小数记录值为1.0),测试方法应符合 GB 11533 的规定。并一年检查一次,不得有色盲。

渗透检测人员必须按有关规则进行资格鉴定考核。取得相应的技术等级资格证书,方能上岗。且只能从事与该方法、该等级相应的渗透检测工作,并负相应的技术责任。具体见《无损检测人员技术资格鉴定规定》。从事承压设备渗透检测的人员,其资格鉴定的若干规则具体见《特种设备无损检测人员考核规定》。

11.2 渗透检测剂的质量控制

11.2.1 渗透检测剂的选用

选用的渗透检测剂必须标明生产日期和有效期,要附带产品合格证和使用说明书。

对于喷罐式渗透检测剂,其喷罐表面不得有锈蚀,喷罐不得出现泄漏。

渗透检测剂必须具有良好的检测性能,对工件无腐蚀,对人体基本无毒害作用。

对于镍基合金材料,一定量渗透检测剂蒸发后,残渣中的硫元素含量的质量比不得超过1%。如有更高要求,可由供需双方另行商定。

对于奥氏体钢和钛及钛合金材料,一定量渗透检测剂蒸发后,残渣中的氯、氟元素含量的质量比不得超过1%。如有更高要求,可由供需双方另行商定。

渗透检测剂的氯、硫、氟含量的测定可按下述方法进行:

取渗透检测剂试样100 g,放在直径150 mm的表面蒸发皿中沸水浴加热60 min,进行蒸发。如蒸发后留下的残渣超过0.005 g,则应分析残渣中氯、硫、氟的含量。

渗透检测剂应根据承压设备的具体情况进行选择。对同一检测工艺,不能混用不同类型的渗透检测剂。

渗透检测剂,必须采用同一家厂商提供的、同族组的产品,不同族组的产品不能混用。未经有关部门的鉴定、验收或批准的产品不准采用。当配制成分或制作方法的改变超出正常的允许值时应重新鉴定。渗透检测剂的性能鉴定具体见第4章所述,并应进行渗透检测剂系统的灵敏度鉴定,具体仍见第4章所述。

11.2.2 渗透检测剂的抽查

使用渗透检测剂的工矿企业及科研单位等检验部门,对每批材料的性能,应在入厂时进行抽查,合格后方可投入使用。并抽取1 kg合格的材料,作为校验使用过程中渗透检测剂的标准样品。渗透检测剂的抽查具体见第4章所述。并应进行渗透检测剂系统的灵敏度鉴定,具体仍见第4章所述。

11.2.3 渗透检测剂使用过程中的校验

1. 渗透剂的校验

(1)在每一批新的合格散装渗透剂中应取出500 mL贮藏在玻璃容器中,作为校验基准。

(2)渗透剂应装在密封容器中,放在温度为10~50 ℃的暗处保存,并应避免阳光照射。各种渗透剂的相对密度应根据制造厂说明书的规定采用相对密度计进行校验,并应保持相对密度不变。

(3)散装渗透剂的浓度应根据制造厂说明书规定进行校验。校验方法是将10 mL待校验的渗透剂和基准渗透剂分别注入到盛有90 mL无色煤油或其他惰性溶剂的量筒中,搅拌均匀。然后将两种试剂分别放在比色计纳式试管中进行颜色浓度的比较,如果被校验的渗透剂与基准渗透剂的颜色浓度差超过20%时,就应作为不合格。

(4)对正在使用的渗透剂进行外观检验,如发现有明显的混浊或沉淀物、变色或难以清洗,则应予以报废。

(5)各种渗透剂用标准试块与基准渗透剂进行性能对比试验,当被检渗透剂显示缺陷的能力低于基准渗透剂时,应予以报废。

(6)荧光渗透剂的荧光效率不得低于75%。试验方法按GB/T 5097—2020附录A中的有关规定执行。

2. 渗透剂的校验

(1)渗透剂的亮度比较校验:校验周期为三个月,按第4章所述方法进行校验,被测渗透剂的亮度下降到同批标准样品的85%以下时,不准使用。

(2)渗透剂的含水量测定:校验周期为三个月,按第4章所述方法进行测定,不符合要求时不准使用。

(3)渗透剂的腐蚀性能校验:校验周期为六个月,按第4章所述方法测定,不符合要求不准使用。

(4)渗透剂的可去除性校验:每天检查渗透剂,如发现有明显的沉淀或可去除性能下降,应按第4章所述方法进行可去除性校验,按第4章所述方法进行渗透检测系统灵敏度测定,如不符合要求,则不准使用。

(5)渗透剂的灵敏度校验:每个工作班均使用 B 型标准试块按第 5 章所述方法作渗透剂的灵敏度校验,若低于同批材料的标准样品,则不准使用。每六个月使用 C 型标准试块按第 5 章所述方法作渗透剂的灵敏度校验,若低于同批材料的标准样品,则不准使用。

3. 乳化剂的校验

乳化剂的校验项目、周期及质量评定方法如下。

(1)乳化剂的外观检查:每天检查乳化剂的外观,如果发现有明显沉淀及黏度增大而引起乳化能力下降时,则不准使用。

(2)乳化剂的乳化能力和可去除性检查校验:校验周期为一个月,按第 4 章所述方法进行校验检查,如果发现有乳化能力下降或清洗性能不良,则不准使用。

(3)乳化剂的黑光检查:校验周期为一周,在黑光灯下观察乳化剂,如果发现乳化剂中有荧光液污染而影响使用时,则不准使用。

4. 显像剂的校验

1)显像剂的质量控制

(1)对干式显像剂应经常进行检查,如发现粉末凝聚、显著的残留荧光或性能低下时要予以废弃。

(2)湿式显像剂的浓度应保持在制造厂规定的工作浓度范围内,其密度应经常进行校验,校验方法是用密度计进行测定。

(3)当使用的湿式显像剂出现混浊、变色或难以形成薄而均匀的显像层时,则应予以报废。

2)显像剂的校验项目、周期及质量评定方法

(1)干式显像剂的外观检查:每个工作班均需进行一次外观检查,如发现明显的荧光及凝聚现象,则不准使用。

(2)干式显像剂的松散度校验:校验周期为一个月,按第 4 章所述方法进行试验,如不符合要求,则不准使用。

(3)湿式显像剂的荧光或浓度校验:校验周期为一个月,在黑光灯下如发现有明显的荧光污染或浓度不符合要求,则不准使用。

(4)湿式显像剂的再悬浮校验:校验周期为一个月,按第 4 章所述方法进行试验。如不符合要求,则不准使用。

(5)湿式显像剂的沉淀性(沉降速率)校验:校验周期为一个月,按第 4 章所述方法试验。如不符合要求,则不准使用。

(6)干式与湿式显像剂的显像灵敏度校验:校验周期为一周。参照第 4 章所述适用性检查的方法,使用 A 型标准试块进行试验。如发现显像能力下降和失去附着力,测不准使用。

11.3　渗透检测工艺设备、仪器和标块的质量控制

11.3.1　渗透检测工艺设备的质量控制

1. 渗透检测工艺设备的基本要求

应根据受检件的尺寸、规格、数量及形状等,制成各种类型的渗透检测工艺设备,如渗透剂槽、乳化剂槽、去除剂槽、恒温热风循环烘箱或干燥装置、显像剂槽或喷粉柜等。

水洗槽应配备水喷枪清洗工具，并可调节水压及流量，可附加配备一定温度的水加热装置。

渗透剂槽、乳化剂槽应配置泵和喷浇液体的喷嘴，以便喷浇液体或更换槽液。显像剂槽内应加设电动搅拌器。

2. 渗透检测工艺设备的校验

渗透检测工艺设备，如预清洗槽、水洗槽和显像剂槽每半年维修一次。对空气管路的清洁度、槽液的水平面、设备清洁度应每个工作班检查一次。

11.3.2 黑光灯的质量控制

1. 黑光灯的基本要求

黑光灯的紫外线波长应在 315 ~ 400 nm 的范围内，峰值波长为 365 nm。黑光灯的电源电压波动大于 10% 时应安装电源稳压器，距黑光灯滤光片 38 cm 的工件表面的辐照度应大于或等于 1 000 μW/cm^2，自显像时距黑光灯滤光片 15 cm 的工件表面的辐照度应大于或等于 3 000 μW/cm^2。

水槽上方设置的吊挂式防爆黑光灯的紫外线辐照度不应低于 800 μW/cm^2。

检查深孔和工件内壁的缺陷应配备深孔内壁黑光检查仪及笔式黑光灯。

2. 黑光灯的校验

黑光灯的紫外线辐照度应每周检查一次。

紫外线灯强度用紫外线强度检测仪或紫外线照度计测量，测量方法如下：

开启紫外线灯 20 min 后，将紫外线强度检测仪置于紫外线灯下，调节检测仪过滤片到灯泡的距离为 380 mm，读出检测仪上的读数，读数值应大于 1 000 μW/cm^2。

如果用紫外线强度计测量，则照度计与灯泡相距 460 mm，其读数值应不低于 70 lx。

实际使用紫外线灯时，要测量紫外线辐照的有效区，其测量方法如下：

首先，将紫外线灯置于平时检验时的高度位置，开启灯预热 20 min；然后，将紫外线强度检测仪置于紫外线灯下，水平移动，使检测仪读数达最大时为止。

在工作台上读数最大点位置画互相垂直的两条直线，如图 11-1 所示。再将紫外线强度检测仪置于交点处，沿每条直线按 150 mm 的间隔点依次检测，并记下读数。将测得读数为 1 000 μW/cm^2 的点连接起来，形成的圆形区域就是紫外线灯辐照有效区。

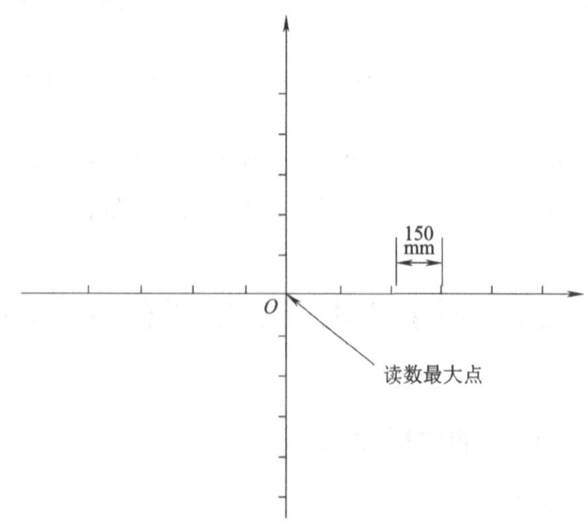

图 11-1　紫外线灯辐射有效区的测量

工件检验应在上述有效区范围内进行。紫外线灯使用较长时间后,输出功率将降低,如果降低 25% 以上,紫外线灯则应更换。可使用紫外线照度计测量紫外线灯的功率,方法如下:

将新紫外线灯打开 20 min 后,在暗室里将紫外线照度计置于紫外线灯一定的距离处,记下读数;紫外线灯使用一段时间之后,对同一紫外线灯在同一距离测得第二个读数。比较两次读数,如果输出功率降低 25% 以上,则需更换紫外线灯。

11.3.3 黑光辐照度计的质量控制

1. 黑光辐照度计的基本要求

黑光辐照度计用于测量黑光辐照度,其紫外线波长应在 315 ~ 400 nm 的范围内,峰值波长为 365 nm。

2. 黑光辐照度计的校验

紫外线辐照计应每年由计量部门校验一次。

11.3.4 荧光亮度计的质量控制

1. 荧光亮度计的基本要求

荧光亮度计用于测量渗透剂的荧光亮度,其波长应在 430 ~ 600 nm 的范围内,峰值波长为 500 ~ 520 nm。

2. 荧光亮度计的校验

荧光亮度计应每年由计量部门校验一次。

11.3.5 照度计的质量控制

1. 照度计的基本要求

照度计用以测定白光照度,照度范围应为 0 ~ 1 600 lx 或 0 ~ 6 450 lx。

2. 照度计的校验

照度计应每年由计量部门校验一次。

11.3.6 黑光辐照度计校正仪的质量控制

黑光辐照度计校正仪用以定期校正紫外线辐照计。紫外线辐照计校正仪应定期由计量部门检查其工作性能。

11.3.7 渗透检测用标准试块的质量控制

1. 铝合金试块(A 型对比试块)

铝合金试块剖开后具有相同大小的两部分,并打上相同的序,分别标以 A、B 记号,A、B 试块上均应具有细密相对称的裂纹图形。铝合金试块的其他要求应符合 JB/T 6064—2015 相关规定。

2. 镀铬试块(B 型试块)

将一块材料为 S30408 或其他不锈钢板材加工为 130 mm × 40 mm × (3 ~ 4) mm 的形状,在试块上单面镀铬,镀铬层厚度不大于 150 μm,表面粗糙度 Ra = 1.2 ~ 2.5 μm。在镀铬层背面中央选相距约 25 mm 的 3 个点位,用布氏硬度法在其背面施加不同负荷,在镀铬面形成从大到小、裂纹区长径差别明显、肉眼不易见的 3 个辐射状裂纹区,按大小顺序排列区位号分别为 1、2、3,裂纹尺寸分别为 3.7 ~ 4.5 mm,2.7 ~ 3.5mm,1.6 ~ 2.4 mm。

3. 试块的应用

(1)铝合金试块主要用于在正常使用情况下,检验渗透检测剂能否满足要求,以及比较两种渗透检测剂性能的优劣;对非标准温度下的渗透检测方法作出鉴定。

(2)镀铬试块主要用于检验渗透检测剂系统的灵敏度及操作工艺的正确性。

(3)着色渗透检测用的试块不能用于荧光渗透检测,反之亦然。

(4)发现试块有阻塞或灵敏度有所下降时,应及时修复或更换。

(5)试块使用后要用丙酮进行彻底清洗,清除试块上的残留渗透检测剂。清洗后,再将试块放入装有丙酮或者丙酮和无水酒精的混合液体(体积混合比为 1∶1)中浸渍 30 min 后,干燥保存,或用其他有效方法保存。

11.4 渗透检测操作步骤的质量控制

渗透检测操作步骤包括表面准备和预清洗、渗透、去除、干燥、显像、检验、后处理等。渗透检测操作步骤质量控制的总体要求是:每个工作班开始之前或渗透检测操作条件发生变化时,用 B 型标准试块,校验渗透检测系统的灵敏度,缺陷显示痕迹的亮度及颜色深度,应用试块显示的复制品(或照片)进行对比,合格后方可进行渗透检测检验工作。由于试块是要反复使用的,因此每次使用后要彻底清洗,以去除缺陷中的荧光液或着色液的残余。渗透检测过程中,严格执行渗透检测工艺规程。

11.4.1 表面清理和预清洗的质量控制

所有表面准备方法不得损伤工件表面,不得堵塞表面开口缺陷。

清洗材料及清洗方法不得影响渗透检测剂的性能,且不腐蚀或损坏被检工件。

工件表面及缺陷内的油脂、铁锈等污物去除之后,工件必须进行干燥,以便排除缺陷内的有机溶剂及水分。

具体要求见标准《承压设备无损检测　第 5 部分:渗透检测》(NB/T 47013.5—2015)中的 6.1.1和6.1.2。

6.1.1 表面准备

a) 工件被检表面不得有影响渗透检测的铁锈、氧化皮、焊接飞溅、铁屑、毛刺以及各种防护层。

b) 被检工件机加工表面粗糙度 Ra≤25 μm;被检工件非机加工表面的粗糙度可适当放宽,但不得影响检测结果。

c) 局部检测时,准备工作范围应从检测部位四周向外扩展 25 mm。

6.1.2 预清洗

检测部位的表面状况在很大程度上影响着渗透检测的检测质量。因此在进行表面清理之后,应进行预清洗,以去除检测表面的污垢。清洗时,可采用溶剂、洗涤剂等进行。清洗范围应不低于6.1.3 的要求。铝、镁、钛合金和奥氏体钢制零件经机械加工的表面,如确有需要,可先进行酸洗或碱洗,然后再进行渗透检测。清洗后,检测面上遗留的溶剂和水分等必须干燥,且应保证在施加渗透剂前不被污染。

11.4.2 渗透操作的质量控制

在渗透时间内,渗透剂必须将被检部位全部覆盖。

工件及渗透剂的温度应保持在 10 ~ 50 ℃之间。

渗透时间应根据渗透剂的种类、被检工件材质及用途、缺陷的性质及细微程度来确定，应确保规定的渗透时间。

具体要求见标准《承压设备无损检测　第 5 部分：渗透检测》(NB/T 47013.5—2015) 中的 6.2.1和6.2.2。

6.2.1　渗透剂施加方法

施加方法应根据零件大小、形状、数量和检测部位来选择。所选方法应保证被检部位完全被渗透剂覆盖，并在整个渗透时间内保持润湿状态。具体施加方法如下：

a) 喷涂：可用静电喷涂装置、喷罐及低压泵等进行。

b) 刷涂：可用刷子、棉纱或布等进行。

c) 浇涂：将渗透剂直接浇在工件被检面上。

d) 浸涂：把整个工件浸泡在渗透剂中。

6.2.2　渗透时间及温度

在整个检测过程中，渗透检测剂的温度和工件表面温度应该在 5 ~ 50 ℃的温度范围，在 10 ~ 50 ℃的温度条件下，渗透剂持续时间一般不应少于 10 min；在 5 ~ 10 ℃的温度条件下，渗透剂持续时间一般不应少于 20 min 或者按照说明书进行操作。当温度条件不能满足上述条件时，应按附录 B(规范性附录) 对操作方法进行鉴定。

11.4.3　施加乳化剂的质量控制

乳化剂要与渗透剂同族组，施加方法要适当，要确保被检表面能均匀乳化。

乳化时间取决于乳化剂的乳化能力、浓度、工件表面状态和缺陷类型等因素，要严格控制乳化时间，必须防止“过乳化”。

具体要求见标准《承压设备无损检测　第 5 部分：渗透检测》(NB/T 47013.5—2015) 中的 6.3.1 ~ 6.3.4。

6.3.1　在进行乳化处理前，对被检工件表面所附着的残余渗透剂应尽可能去除。使用亲水性乳化剂时，先用水喷法直接排除大部分多余的渗透剂，再施加乳化剂，待被检工件表面多余的渗透剂充分乳化，然后再用水清洗。使用亲油性乳化剂时，乳化剂不能在工件上搅动，乳化结束后，应立即浸入水中或用水喷洗方法停止乳化，再用水喷洗。

6.3.2　乳化剂可采用浸渍、浇涂和喷洒(亲水性)等方法施加于工件被检表面，不允许采用刷涂法。

6.3.3　对过渡的背景可通过补充乳化的办法予以去除，经过补充乳化后仍未达到一个满意的背景时，应将工件按工艺要求重新处理。出现明显的过清洗时要求将工件清洗并重新处理。

6.3.4　乳化时间取决于乳化剂和渗透剂的性能及被检工件表面粗糙度。一般应按生产厂的使用说明书和试验选取。

11.4.4　去除表面渗透剂的质量控制

1. 水洗型和后乳化型渗透剂的去除

工件经充分渗透或乳化以后，清洗时，必须边清洗边观察(清洗荧光液时，在黑光灯以下观察)，以免清洗不足或清洗过度。水温：15 ~ 45 ℃，水压：0.1 ~ 0.3 MPa($1 \sim 3\ kg/cm^2$)。

2. 溶剂去除型渗透剂的去除

先用不起毛和有吸附能力的布擦去大部分渗透剂，再用不起毛、清洁、干燥、沾有有机溶剂的布擦去剩余在表面上的渗透剂。不允许直接用有机溶剂对工件喷洗。

具体要求见标准《承压设备无损检测　第5部分：渗透检测》（NB/T 47013.5—2015）中的6.4.1～6.4.3。

6.4.1　在清洗工件被检表面以去除多余的渗透剂时，应注意防止过度去除而使检测质量下降，同时也应注意防止去除不足而造成对缺陷显示识别困难。用荧光渗透剂时，可在紫外灯照射下边观察边去除。

6.4.2　水洗型和后乳化型渗透剂（乳化后）均可用水去除。冲洗时，水射束与被检面的夹角以30°为宜，水温为10～40 ℃，如无特殊规定，冲洗装置喷嘴处的水压应不超过0.34 MPa。在无冲洗装置时，可采用干净不脱毛的抹布蘸水依次擦洗。

6.4.3　溶剂去除型渗透剂用清洗剂去除。除特别难清洗的地方外，一般应先用干燥、洁净不脱毛的布依次擦拭，直至大部分多余渗透剂被去除后，再用蘸有清洗剂的干净不脱毛布或纸进行擦拭，直至将被检面上多余的渗透剂全部擦净。但应注意，不得往复擦拭，不得用清洗剂直接在被检面上冲洗。

11.4.5　干燥操作的质量控制

用清洁、干燥和经过过滤的压缩气吹去工件表面的水分，其压力不超过0.15 MPa（1.5 kg/cm^2），喷嘴与工件相距不小于30 cm。

用温度不超过80 ℃的热空气循环烘箱干燥工件，时间根据工件尺寸、形状及材料决定。一般来说，干燥的时间应尽量短。

具体要求见标准《承压设备无损检测　第5部分：渗透检测》（NB/T 47013.5—2015）中的6.5.1～6.5.4。

6.5.1　施加干式显像剂、溶剂悬浮显像剂时，检测面应在施加前进行干燥，施加水基湿式显像剂（水溶解、水悬浮显像剂）时，检测面应在施加后进行干燥处理。

6.5.2　采用自显像应在水清洗后进行干燥。

6.5.3　一般可用热风进行干燥或进行自然干燥。干燥时，被检面的温度不得大于50 ℃。当采用溶剂去除多余渗透剂时，应在室温下自然干燥。

6.5.4　干燥时间通常为5～10 min。

11.4.6　显像操作的质量控制

施加在工件表面上的干粉显像剂，分布要均匀，显像剂层要薄。

悬浮湿显像剂使用前要充分搅拌均匀，使显像剂粉末保持悬浮分散状态。

用喷涂法显像时，喷涂装置应与被检表面保持一定的距离（约200～300 mm），使显像剂在到达工件表面时，几乎是干的。避免过近而造成淌流或局部复盖层过厚。

显象时间应根据检测方法及缺陷的性质确定，一般为7～30 min，不能超过3 h。

具体要求见标准《承压设备无损检测　第5部分：渗透检测》（NB/T 47013.5—2015）中的6.6.1～6.6.8。

6.6.1　使用干式显像剂时，须先经干燥处理，再用适当方法将显像剂均匀地喷洒在整个被检表面上，并保持一段时间。多余的显像剂通过轻敲或轻气流清除方式去除。

6.6.2　使用水基湿式显像剂时，在被检面经过清洗处理后，可直接将显像剂喷洒或涂刷到被检面上或将工件浸入到显像剂中，然后再迅速排除多余显像剂，并进行干燥处理。

6.6.3　使用溶剂悬浮显像剂时，在被检面经干燥处理后，将显像剂喷洒或刷涂到被检面上，然后进行自然干燥或用暖风(30～50 ℃)吹干。

6.6.4　采用自显像时，显像时间最短 10 min，最长 2 h。

6.6.5　悬浮式显像剂在使用前应充分搅拌均匀。显像剂施加应薄而均匀。

6.6.6　喷涂显像剂时，喷嘴离被检面距离为 300～400 mm，喷涂方向与被检面夹角为30°～40°。

6.6.7　禁止在被检面上倾倒湿式显像剂，以免冲洗掉渗入缺陷内的渗透剂。

6.6.8　显像时间取决于显像剂种类、需要检测的缺陷大小以及被检工件温度等，一般应不小于 10 min，且不大于 60 min。

11.4.7　检验观察的质量控制

具体要求如下：

(1)观察显示应在干粉显像剂施加后或者湿式显像剂干燥后开始，在显像时间内完成。如显示的大小不发生变化，也可超过上述时间。对于溶剂悬浮显像剂应遵照说明书的要求或试验结果进行操作，当被检工件尺寸比较大无法在上述时间内完成检查时，可以采取分段检测的方法；不能采取分段检测时可适当增加时间，并使用试块进行验证。

(2)着色渗透检测时，缺陷显示的评定应在可见光下进行，通常工件被检面处可见光照度应大于或等于 1 000 lx；当现场采用便携式设备检测，由于条件所限无法满足时，可见光照度可以适当降低，但不得低于 500 lx。

(3)荧光渗透检测时，缺陷显示的评定应在暗室或暗处进行，暗室或暗处可见光照度应不大于 20 lx，被检工件表面的辐照度应大于等于 1 000 $\mu W/cm^2$，自显像时被检工件的表面应大于等于 3 000 $\mu W/cm^2$。检测人员进入暗区，至少经过 5 min 的黑暗适应后，才能进行荧光渗透检测。检测人员不能佩戴对检测结果有影响的眼镜或滤光镜。

(4)辨认细小显示时可用 5～10 倍放大镜进行观察。必要时应重新进行处理、检测。

11.4.8　后处理操作的质量控制

工件检验完毕，应清洗残余的渗透剂和显像剂。如果残余渗透剂和显像剂对工件随后的处理或使用有影响，如产生腐蚀，则清洗须更彻底。清洗后的工件应该干燥处理或进行防腐蚀处理。

11.4.9　工件标识的质量控制

工件显示出缺陷痕迹，可根据需要分别用照片、示意图或复印等方法记录缺陷痕迹显示位置及形貌。

渗透检测合格的工件，按设计或工艺制造部门规定的标印方法和标印位置作出“合格”标记。不合格的工件，必须做出“不合格”的明显标记。合格工件与不合格工件应严格隔离放置。

11.5　渗透检测环境条件的控制

(1)检测场所和环境除应符合国家和地方有关环境卫生和劳动保护的法规外，还应尽量避免在对人体有较大影响。此外,应避免在可能干扰正常操作、观察和判断的场所和环境中进行无损检测。

(2)若检测场所和环境对检测结果的质量有影响时,应采取有效的控制措施,同时监测和记录环境条件。当环境条件危及到检测结果时,应停止检测。

(3)应将不相容活动的相邻区域进行有效隔离,采取措施防止交叉污染。

(4)渗透检测场地的面积大小,应根据被检工件的形状、尺寸、数量及相应形式的渗透检测生产线而定。渗透检测场地应有足够的活动空间,应设有排水沟,应有水磨石地面;渗透检测场地内应设置抽排风装置、压缩空气管路及暖气设施,渗透检测场地内温度不应低于15 ℃,相对湿度不应超过50%;静电喷涂间墙壁应采用瓷砖砌成,地面应保持15°~20°的倾斜,以便排放污水。

荧光液废水及其他污水处理应符合环境保护要求。废液处理设备装置如图11-2所示。

图11-2　废液处理设备装置

第12章 安全与卫生防护

12.1 防火安全

渗透检测所使用的检测材料,除干粉显像剂、乳化剂以及喷罐内使用的氟利昂气体是不易燃烧的物质外,其余大部分是可燃有机溶剂,如煤油、酒精和丙酮等。因此,使用和储存这些可燃性的渗透检测剂时,应采取必要的防火措施。

12.1.1 储存渗透检测剂的防火安全措施

(1)盛装及储存检测剂的容器应加盖密封。

(2)储存地点应选择阴凉或冷暗处,避免烟火、热风或阳光直射。当然,储存的最低温度应不低于说明书提供的温度范围下限。

(3)压力喷灌要严禁在高温处存放。因为高温会导致罐内气雾剂压力增大,有发生爆炸的危险。

12.1.2 工作场所的防火安全措施

使用可燃性渗透检测剂时,要充分注意防火。因为大家经常使用的压力喷罐,在充填渗透检测剂的同时,往往还充填有丙烷气等高压液化气,它们多是强燃性物质。这就要求操作现场应做到文明整洁,并有切实可行的防火措施。

(1)操作现场应备有专人管理的灭火器,以供必要时使用。

(2)工作场所与渗透检测剂储存室应有足够的安全距离。工作场所要尽量避免存储大量的渗透检测剂。

(3)盛装检测剂的容器应加盖,能保持密封的尽量密封。对于清洗剂和显像剂等挥发性大的物质,使用后必须密封保管。

(4)盛装检测剂的容器,特别是压力喷罐,应避免阳光的长时间直接照射。

(5)应避免在高温环境下或火焰附近进行检测操作。一般操作现场禁止明火存在,压力喷罐操作环境温度超过 50 ℃时,应引起特别注意。

(6)当环境温度较低时,压力喷罐内的压力会降低,喷雾将减弱且不均匀。此时,可将其放入 30 ℃以下的温水中加温后使用。严禁将压力喷罐直接用火焰加热或将废弃的喷罐投入火焰中。

12.2 卫生防护

渗透检测工作在为国家建设和发展作出了一定贡献的同时,也造成了一定范围的污染,尤其是对大气的污染。一般渗透检测剂本身是无害的，但由于它往往靠有机溶剂溶解，而有些有机溶剂如四氯化碳、三氯乙烯等对人体是有毒的。因此，如果将它们的蒸气或雾状混合气体吸入体内，就可能引起中毒。这种渗透检测的毒性试剂造成的中毒，以慢性中毒居多，且多属累积效应中毒。其次，检测剂若粘在皮肤上，有可能引起斑疹或皮肤过敏。再者，有些试剂如胶棉液，本身基本无毒，但遇明火燃烧，则生成剧毒的氢氰酸和过氧化氮气体。因此，采取积极的防护措施是十分必要的。

12.2.1 环境空气与工作空间污染物的容许浓度

GB 3095—2012《环境空气质量标准》规定了环境空气质量功能区划分、标准分级、污染物项目、取值时间及浓度限值，采样与分析方法及数据统计的有效性规定。

该标准给出了总悬浮颗粒物、可吸入颗粒物、年平均、苯并芘、环境空气、标准状态等14个术语定义，将环境空气质量功能区划分为三类：一类区为自然保护区、风景名胜区和其他需要特殊保护的地区；二类区为城镇规划中确定的居住区、商业交通居民混合区、文化区、一般工业区和农村地区；三类区为特定工业区 。同时，将环境空气质量标准分为三级：一类区执行一级标准；二类区执行二级标准；三类区执行三级标准。最后规定了各项污染物不允许超过的浓度限值见表12-1。其他各项污染物的浓度值见表12-2。

表12-1　环境空气污染物基本项目浓度限值

污染物项目	取值时间	浓度限值			浓度单位
		一级标准	二级标准		
二氧化硫（SO_2）	年平均	20	60		mg/m^3（标准状态）
	日平均	50	150		
	一小时平均	150	500		
颗粒物 颗粒径小于或等于10	年平均	40	70		
	日平均	50	150		
颗粒物 颗粒径小于或等于2.5	年平均	15	35		
	日平均	35	75		
二氧化氮（NO_2）	年平均	40	40		
	日平均	80	80		
	一小时平均	200	200		
一氧化碳（CO）	日平均	4.00	4.00		
	一小时平均	10.00	10.00		
臭氧（O_3）	日最大8小时平均	100	160		
	一小时平均	160	200		
铅（Pb）	季平均	1.0	1.0		μg/m^3（标准状态）
	年平均	0.5	0.5		
苯并(a)芘（BaP）	日平均	0.002 5	0.002 5		
	年平均	0.001	0.001		

表 12-2 环境空气污染物其他项目浓度限值

污染物项目	取值时间	浓度限值			浓度单位
		一级标准	二级标准		
总悬浮颗粒物(TSP)	年平均	80	200		
	日平均	120	300		
氧氮化物(NO_2)	年平均	50	50		
	日平均	100	100		
	一小时平均	250	250		
铅(Pb)	季平均	1.0	1.0		$\mu g/m^3$(标准状态)
	年平均	0.5	0.5		
苯并(a)芘(BaP)	日平均	0.002 5	0.002 5		
	年平均	0.001	0.001		

化学物质的毒性评价指标有许多种,通常用最高容许浓度来表示。我们国家规定的车间空气中毒物或粉尘的容许接触限值的上限浓度,即在多次有代表性的采样测定中均不应超过的数值,表述为最高容许浓度是指操作者在长期进行生产劳动,不致引起急性或慢性职业性危害浓度限量值。

12.2.2 渗透检测剂对人体健康的危害

前面提到,一般渗透检测剂是无毒或微毒的,只是其中某些成分,特别是有机溶剂的使用,导致了其对人体健康的危害。比如,苯和苯的衍生物大多有一定毒性,其中以苯和硝基苯为最大,其他如甲苯、二甲苯等次之,为统一衡量其毒性(主要是致癌作用),引入了苯并芘概念。苯并芘是泛指一类具有明显致癌作用的有机化合物,它由一个苯环和一个芘分子结合而成,是多环芳烃类化合物。据国际医疗机构权威资料介绍,目前已检查出的400多种主要致癌物中,一半以上是属于多环芳烃类化合物。四氯化碳、三氯乙烯、二氯乙烷、甲醇等试剂都有较强毒性。还有一些化学试剂,如丙酮、松节油、乙醚等对人体有刺激或麻醉作用,系低毒性溶剂;另外,除化学试剂外,染料和显像剂微粒的粉尘在空气中超过一定浓度,人体吸入后也会引起上呼吸道黏膜的炎症,如鼻炎、咽炎、支气管炎等,长期吸入还会造成矽肺。研究表明,某些染料也具有致癌作用,如苏丹红(苏丹-Ⅲ、苏丹-Ⅳ等)。

12.2.3 有毒化学药品对人体的毒害途径

有毒化学药品对人体的毒害大致有以下三种途径。

(1)经呼吸道进入人体,在肺泡中进行交换,渗入血液而进入全身,引起人体机能失调和障碍。该类毒物一般以气态、烟雾、粉尘状态污染操作场所的空气而危害人体。

(2)经消化道进入人体,由肠胃吸收而运至全身。这类中毒一般是误食的毒物或因毒物污染饮食器具而造成。

(3)经人体皮肤渗透进入人体。这种中毒是由于接触某些渗透力极强的药品后引起的。

12.2.4 紫外线辐射对人体健康的危害

在荧光渗透检测中所用的黑光是从高压水银弧光灯中滤出的长波紫外线。众所周知,紫外线会产生物理、化学及生物效应。紫外线所产生的各种生理效应明显与波长有关,波长小于 330 nm 的短波紫外线对人体是有害的。而用于荧光渗透检测的长波紫外线(波长 330 ~ 450 nm)则不会引起晒黑或其他严重后果。但是,眼球受到黑光的照射后,会发出荧光,导致眼球荧光效应,使视力变得模糊,还会产生其他不舒适的感觉。若长期暴露在黑光下,因受到刺激会引起头痛,极端情况下甚至会引起恶心。然而在一般情况下,黑光是无害的,且这种现象不会是长期效应。

但是,如果滤光片或屏蔽罩破裂,那些波长小于 330 nm 的短波紫外线泄漏出来,则受到短波紫外线辐射的工作人员的眼睛,就有可能患角膜炎及结膜炎。这种疾病类似于"雪盲症"。开始时,感到眼睛有"沙粒",对光过敏及流泪,并有可能发展到暂时失明。这种症状通常在接触短波紫外线辐射后的 6 ~ 12 h 出现,并延续到 12 ~ 24 h,一般在 48 h 后又会消失,无累积效应。因此,黑光滤光片或屏蔽罩一旦破裂失效,就不得再投入使用。

12.2.5 卫生与安全防护措施

(1)在不影响渗透检测灵敏度,满足工件技术要求的前提下,尽可能采用低毒配方来代替有毒和高毒的配方。

(2)采用先进技术,改进渗透检测工艺和完善渗透检测设备,特别是增设必要的通风装置,降低有毒物质或臭氧在操作场所空气中的浓度。

(3)严格遵守操作规程,正确使用防护用品,如防毒面具、口罩、橡胶手套、防护服和防护膏等。常用皮肤防护膏的配方如表 12-3 所示。

表 12-3 常用皮肤防护膏的配方

配方	成分	比例
配方 1	硬脂酸	12.0%
	氧化锌	3.0%
	植物(或动物)油	85.0%
配方 2	白蜂蜡	26.0%
	液状石蜡	57.5%
	硼砂	1.5%
	水	15.0%

在上述配方内加入硼酸(4%)或安息香酸(5%),可中和碱性刺激。加入碳酸氢钠(4%)或氧化镁(3%)可中和酸性刺激。

(4)三氯乙烯受到紫外线照射时,会产生有害气体。在除油过程中,注意不要让三氯乙烯滞留在工件的盲孔里或其他凹陷之处。

(5)操作现场严禁吸烟,一是防火安全所必须,二是防止吸入有毒气体。

(6)用三氯乙烯蒸气除油时,要经常向槽内添加三氯乙烯溶液,防止加热器露出液面,否则会引起过热,产生剧毒气体。

(7)显像粉会使皮肤干燥,刺激人的气管,所以操作者应带橡胶手套,工作现场应有抽风装置。

(8)工作前,操作者手上应涂防护油,最好戴上防护手套和围裙,可避免皮肤与渗透检测剂直接接触而污染,否则会使皮肤干燥或开裂,甚至引起皮炎。

(9)波长在 330 nm 以下的短波紫外线对人眼有害,所以严禁使用无滤光片或滤光片破裂的紫外线灯。

(10) 荧光渗透检测中，操作人员应尽量避免暴露在黑光下，以免眼球生产荧光效应。必要时，可戴紫外线防护镜。这种眼镜不允许紫外线通过，只允许可见黄绿色光通过。同时，还应注意观察滤光片或屏蔽罩是否破裂失效，一旦发现破裂失效，就不能投入使用。

(11) 对检测人员进行预检和定期体检也是重要的防护措施。预检是对新参加渗透检测的工作人员进行体检，以便及早发现不宜从事这项工作的某些疾病患者。这些疾病有哮喘、血液病、肝和肾的实质性疾病及精神病等。定期体检可以早期了现毒物对人体危害致病情况，早期治疗，并采取必要的预防措施。

12.3　渗透检测剂废液的控制

12.3.1　渗透检测剂废液的种类

渗透检测过程中造成污染的物质主要有各种脂类、油类、有机溶剂、非离子型表面活性剂、乙二醇、着色染料或荧光染料等。在水洗型或后乳化型渗透检测工艺中，去除表面多余渗透剂的操作程序所使用过的清洗水就或多或少地带有上述污染物，其含量一般都超过允许的标准，为不污染环境，应进行处理。

12.3.2　污染物的处理技术

污染物的处理方法较多，技术也较复杂，这里仅作简要介绍。

1. 从工艺上降低污染

(1) 改进工艺，使施加渗透剂的量达到最小。例如，采用静电喷涂或喷雾形式施加渗透剂。

(2) 在渗透或乳化等工序中，尽量延长滴落的时间，减少拖带。

(3) 采用乳化型或水洗型检测工艺时，去除表面多余渗透剂可分两步实施，第一次清洗水可以回收，直到被污染至无法使用时为止；第二次清洗过的水，可补充到第一次清洗水中去。

2. 乳化过程

用活性炭过滤废水，后乳化型或水洗型渗透检测工艺中产生的废水，是渗透剂被直接乳化产生的用水稀释的乳化液，其中所含的渗液物质一般少于质量的 1%，且由于表面活性剂大多是亲水性的，故相对比较稳定。在这些废水处理过程中，应先使用一些电解质和絮凝剂，将废水中的乳化剂分解，从而将渗透剂的非水物质从废水中分离出来；被分离出来的絮凝污物，经过滤后可送至锅炉焚化；剩下的废水经过砂子(或硅藻土)和活性炭过滤装置(或其他过滤装置)，即可达到净化的目的。

第 13 章 渗透检测实验

13.1 非标准温度时溶剂去除型着色渗透检测灵敏度的测定

13.1.1 实验目的

掌握非标准温度时溶剂去除型着色渗透检测灵敏度的测定方法。

13.1.2 实验内容

在 8 ℃时,测定溶剂去除型着色渗透检测的灵敏度。

13.1.3 实验器材

(1)白光光源。
(2)不锈钢镀铬辐射状裂纹试块(B 型试块)。
(3)溶剂去除型着色渗透检测剂(一套)。
(4)低温箱(温度可控)。
(5)无绒布。

13.1.4 实验步骤

(1)用清洗剂清洗试块并干燥。

(2)调节低温箱,使其温度保持在 8 ℃,再将 B 型试块和渗透检测剂置于低温箱中,保温 30 min。

(3)将渗透剂和试块从低温箱中取出,按标准方法将渗透剂施加于试块上,在整个渗透时间内,应将试块置于低温箱中。

(4)渗透完毕后,先用干净无绒布擦去表面渗透剂,再从低温箱中取出清洗剂,按标准方法去除表面多余渗透剂。

(5)从低温箱中取出显像剂并摇匀,再将显像剂施加于试块上。

(6)显像完毕后,将缺陷显示情况与标准图片相比较,确定灵敏度是否符合要求。

13.2 黑光灯辐照度校验方法

13.2.1 实验目的

掌握黑光灯辐照度校验方法。

13.2.2　实验内容

黑光灯辐照度校验。

13.2.3　实验器材

(1)黑光灯。

(2)黑光灯辐照度检测仪。

(3)电压表。

(4)钢尺,量程为 500 mm。

13.2.4　实验步骤

(1)测量黑光灯电源电压值。

(2)开启黑光灯并预热 20 min,使其处于稳定状态。

(3)将黑光灯辐照度检测仪放置于黑光灯下,调节检测仪的滤光片到灯泡的距离为 380 mm,读出检测仪上的读数,其值如大于 1 000 $\mu W/cm^2$,则说明黑光灯辐照度符合要求。

13.3　后乳化型荧光渗透剂的配制

13.3.1　实验目的

掌握后乳化型荧光渗透剂的配制方法。

13.3.2　实验内容

配制后乳化型荧光渗透剂。

13.3.3　实验器材

(1)黑光灯。

(2)不锈钢镀铬辐射状裂纹试块(B 型试块)。

(3)量筒,量程为 1 000 mL 和 250 mL 各 1 个。

(4)玻璃烧杯,容积为 1 000 mL。

(5)玻璃搅拌棒 1 支,长 200 mL。

(6)天平(称量 100 g)。

(7)化学试剂:灯用煤油 250 mL、邻苯二甲酸二丁酯 650 mL、LEP305 100 mL、PEB 20 g、YJP-154.5 g。

13.3.4　实验步骤

(1)将玻璃杯、量筒、玻璃搅拌棒清洗干净。

(2)量取邻苯二甲酸二丁酯 650 mL,放置于玻璃烧杯中,再加入 20 g 的 PEB,用玻璃棒搅拌使其充分溶解,再加入 4.5 g YJP-15 并搅拌使其溶解,再缓慢加入 250 mL 灯用煤油,最后加入 100 mL 的 LEP305,搅拌均匀。

(3)采用标准检测工艺程序处理B型试块,以测定新配制的后乳化型荧光渗透剂的灵敏度。说明:后乳化型荧光渗透剂不应有沉淀或结块;如存在沉淀或结块,可适当提高溶剂的温度,但不应超过40 ℃。

13.4 溶剂悬浮显像剂的配制

13.4.1 实验目的

掌握溶剂悬浮显像剂的配制方法。

13.4.2 实验内容

配制溶剂悬浮显像剂。

13.4.3 实验器材

(1)白光源。

(2)不锈钢镀铬辐射状裂纹试块(B型试块)。

(3)磨口三角瓶,容积为1 500 mL。

(4)玻璃搅拌棒1支,长200 mm。

(5)化学试制:二氧化钛50 g、丙酮400 mL、火棉胶450 mL、乙醇150 mL。

13.4.4 实验步骤

(1)将玻璃杯、量筒、玻璃搅拌棒清洗干净。

(2)分别量取丙酮400 mL、火棉胶450 mL、乙醇150 mL,依次倒入磨口三角瓶中,并搅拌均匀。

(3)再称取50 g二氧化钛,加至磨口三角瓶中,塞好磨口瓶塞,摇动均匀。

(4)采用新配制的显像剂和与其相匹配的渗透剂和去除剂,按标准方法处理B型试块,并将裂纹显示与复制的图片相比较,检验显像剂的灵敏度。

13.5 后乳化型(亲水性)荧光渗透剂的去除性能校验

13.5.1 实验目的

掌握后乳化型荧光渗透剂的去除性能校验的方法。

13.5.2 实验内容

后乳化型荧光渗透剂和标准渗透剂的去除性能比较。

13.5.3 实验器材

(1)后乳化型(亲水性)荧光渗透剂和标准后乳化型(亲水性)荧光渗透剂。

(2)两块喷砂钢试块。

(3)水洗装置;应装有两个喷嘴,水温和水压可调。

(4)黑光灯。

13.5.4 实验步骤

(1)将两块喷砂钢试块分别浸入待检后乳化型荧光渗透剂和标准后乳化型渗透剂中,然后以60°角滴落,渗透时间为10 min。

(2)试块放置于水洗装置中,用水压为0.17 MPa、水温为(21 ±3)℃的空心水进行预水洗,水洗时间约15 s。

(3)用浸涂方式施加乳化剂,乳化时间为2 min。

(4)乳化完毕后,将试块立即放入水洗装置中,用水压不大于0.17 MPa,水温为(21 ±3)℃的水清洗,冲洗角为45°水洗时间为30 s。

(5)把试块置于干燥箱内干燥,干燥温度为(71 ±3)℃,干燥后施加适量的显像剂,冷却至室温。

(6)试块置于辐射照度至少为1 000 μW/cm^2 的黑光下观察,比较其清洗效果。

(7)说明:两块试块的处理过程应尽量保持一致,以使其有较好的可比性。

13.6 焊接接头的着色渗透检测

13.6.1 实验目的

掌握焊接接头的着色渗透检测方法。

13.6.2 实验内容

用溶剂去除型着色渗透检测工艺检测焊接接头。

13.6.3 实验器材

(1)喷罐式溶剂去除型着色渗透检测剂(一套)。

(2)焊接试板,尺寸约为150 mm×200 mm。

(3)白光源。

(4)钢丝刷、砂纸、锉刀、錾子等工具。

(5)无绒布。

(6)不锈钢镀络辐射状裂纹试块(B型试块)。

13.6.4 实验步骤

(1)预清理:先用钢丝刷、砂纸、锉刀、錾子等工具清理焊接试板的焊接接头及热影响区,去除焊接接头及热影响区表面的飞溅、焊渣、铁锈等污物;再用清洗剂清洗焊接试板和不锈钢镀铬辐射状裂纹试块(B型试块)的受检表面,以除去油污和污垢。

(2)渗透:将渗透剂喷涂于焊接试板和不锈钢镀铬辐射状裂纹试块上,渗透时间为10 min,环境温度为15～50 ℃;在整个渗透时间内,渗透剂必须润湿受检表面,保持不干状态。

(3)去除:渗透完毕后,先用干布擦去表面多余渗透剂,然后用沾有去除剂的无绒布擦拭,擦拭时,应按一个方向擦拭,不能往复擦拭。

(4)显像:将显像剂喷涂于受检表面,喷涂时,喷嘴距被检工件表面以300~400 mm为宜,喷洒方向与受检表面夹角为30°~40°,以形成薄而均匀的显像剂层,显像剂层厚度以0.05~0.07 mm为宜。

(5)观察检验:显像结束后,应在白光下进行检验,首先检验B型试块上的裂纹显示,确认灵敏度是否符合要求。如果符合要求,再检验焊接试板表面。必要时,可用5~10倍放大镜观察。

(6)记录并出具报告:做好记录并根据标准、规范或技术文件进行质量评定,最后出具报告。

13.7 溶剂去除型着色渗透剂性能比较

13.7.1 实验目的

掌握不同渗透剂性能的比较方法。

13.7.2 实验内容

比较标准的与使用中的溶剂去除型着色液的性能。

13.7.3 实验器具及渗透检测剂

(1)白光光源。

(2)铝合金淬火试块(A型试块)。

(3)标准的与使用中的溶剂去除型着色渗透剂。

(4)与溶剂去除型着色渗透剂同族组的标准去除剂及标准显像剂。

13.7.4 实验步骤

(1)用去除剂预清洗试块,并干燥。

(2)将标准的溶剂去除型着色渗透剂刷涂于A型试块的半面上,将使用中的溶剂去除型着色渗透剂刷涂于A型试块的另半面上。

(3)然后使用标准处理方法,按图13-1所示的处理流程进行处理。

(4)观察比较标准着色渗透剂与使用中的着色渗透剂缺陷显示状态,从而确定使用中的着色渗透剂可否继续使用。

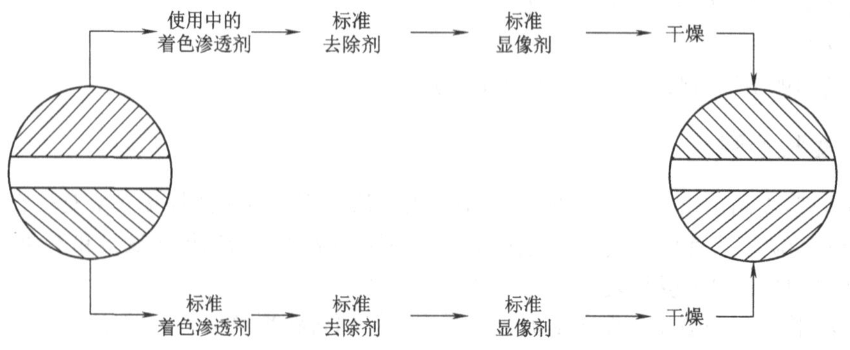

图13-1 溶剂去除型着色渗透剂性能比较的试验流程

13.7.5 说明

(1)两种不同牌号的渗透检测剂的性能比较试验也可参照上述试验方法进行。可将不同牌号的两种着色渗透剂分别刷涂于试块的两个半面上。然后分别使用各自的去除剂及显像剂，按各自的标准方法处理，最后观察比较。

(2)研究渗透、乳化、去除及显像操作工序是否得当，也可参照上述试验方法。例如，要研究乳化去除操作工序是否合适的试验时，首先在相同的条件下，将渗透剂刷涂在 A 型试块的两个半面上，然后在完全相同的条件下进行乳化去除以外的各项操作。只是在乳化去除操作工序时，改变 A 型试块的两个半面上的乳化去除时间、水压、水温等试验条件。最后观察比较。

(3)也可使用黄铜板镀铬裂纹试块(C 型试块)进行上述试验。

参考文献

[1] 胡学知,郑辉,邢兆辉. 渗透检测[M]. 2 版. 北京:中国劳动社会保障出版社,2007.

[2] 路宝学. 磁粉与渗透检测技术[M]. 北京:机械工业出版社,2014.

[3] 夏纪真. 工业无损检测技术:渗透检测[M]. 广州:中山大学出版社,2013.

[4] 刘程. 表面活性剂应用手册[M]. 2 版. 北京:化学工业出版社,2004.